中国水利统计年鉴2015

 中华人民共和国水利部 编

中国水利水电出版社
www.waterpub.com.cn

图书在版编目（ＣＩＰ）数据

中国水利统计年鉴. 2015 / 中华人民共和国水利部
编. -- 北京：中国水利水电出版社，2015.12
ISBN 978-7-5170-3797-2

Ⅰ. ①中… Ⅱ. ①中… Ⅲ. ①水利建设－统计资料－
中国－2015－年鉴 Ⅳ. ①F426.9-54

中国版本图书馆CIP数据核字(2015)第261396号

责任编辑　王　丽　李金玲

书　　　名	**中国水利统计年鉴 2015**	
作　　　者	中华人民共和国水利部　编	
出 版 发 行	中国水利水电出版社	
	（北京市海淀区玉渊潭南路１号Ｄ座　 100038）	
	网址：www.waterpub.com.cn	
	E-mail：sales@waterpub.com.cn	
	电话：（010）68367658（发行部）	
经　　　售	北京科水图书销售中心（零售）	
	电话：（010）88383994、63202643、68545874	
	全国各地新华书店和相关出版物销售网点	
排　　　版	中国水利水电出版社微机排版中心	
印　　　刷	北京纪元彩艺印刷有限公司	
规　　　格	210mm×297mm　16 开本　14.25 印张　554 千字	
版　　　次	2015 年 12 月第 1 版　2015 年 12 月第 1 次印刷	
印　　　数	0001—1000 册	
定　　　价	**139.00 元**	

凡购买我社图书，如有缺页、倒页、脱页的，本社发行部负责调换

《中国水利统计年鉴 2015》

编委会和编写人员名单

编 委 会

主　　任：矫　勇

副 主 任：周学文

委　　员：（以姓氏笔画为序）

王杨群　邢援越　刘冬顺　刘祥峰　杨晓东　杨得瑞　李　戈　李仰斌

李　鹰　束庆鹏　张新玉　陈茂山　金　旸　赵　卫　祖雷鸣　倪文进

高　军　董安建　程晓冰　蔡建元

编 写 人 员

主　　编：周学文

副 主 编：吴　强　黄　河

执行编辑：杜国志　王　瑜　乔根平

编辑人员：（以姓氏笔画为序）

王　伟　王　瑜　卢　琼　叶莉莉　田　琦　巩劲标　曲　鹏　乔根平

乔殿新　齐兵强　刘金梅　阮本清　杜国志　杜崇玲　李春明　吴梦莹

张　岚　张　范　张晓兰　张象明　周　玉　赵海宏　倪　鹏　徐　岩

殷海波　高　龙　郭慧滨

英文翻译：谷丽雅　侯小虎　盛晓莉　王　玎

数据处理：王小娜　齐　飞　李　乐　郭　悦　韩沂桦

《China Water Statistical Yearbook 2015》

Editorial Board and Editorial Staff

编 者 说 明

一、《中国水利统计年鉴 2015》系统收录了 2014 年全国和各省、自治区、直辖市的水资源、水环境、水利建设投资、水利工程设施、水电等方面的统计数据，以及新中国成立以来的全国主要水利统计数据，是一部全面反映中华人民共和国水利发展情况的资料性年刊。

二、本年鉴正文内容分为 9 个篇章，即：江河湖泊及水资源、江河治理、农业灌溉、供用水、水土保持、水利建设投资、农村水电、水文站网、从业人员情况。为方便读者使用，各篇章前均设有简要说明，概述本篇章的主要内容、数据来源、统计范围、统计方法以及历史变动情况。篇末附有主要统计指标解释。

三、本年鉴的全国性统计数据，如未作特殊说明均不包括香港特别行政区、澳门特别行政区和台湾省数据。2012 年水库数量、水闸数量、机电井数量、堤防长度、灌溉面积、灌区、水土保持治理面积等主要指标数据已与 2011 年第一次全国水利普查数据衔接，2013 年节水灌溉面积数据已与 2011 年第一次全国水利普查数据衔接。

四、本年鉴在编辑上采用了以下方法。

（1）部分统计资料从 1949 年至 2014 年均被记录，但一些年份指标数据由于历史记录不详没有收录。

（2）分省统计资料均按当年各省级行政区域范围收集，行政区域范围变化后没有调整统计资料。例如：四川省的资料，在重庆市划出前，包括在内。

（3）部分统计资料按流域或水资源一级分区分组。

（4）历史数据基本保持原貌，未作改动。

（5）部分指标未单列新疆生产建设兵团数据，其数据含在"新疆"的数据中。

五、所使用的计量单位，大部分采用国际统一法定标准计量单位，小部分沿用水利统计惯用单位。

六、部分数据合计数量由于数字位数取舍而产生的计算误差，均未作调整。

七、凡带有续表的资料，有关注释均列在第一张表的下方。

八、符号使用说明：各表中的"空格"表示该项统计指标数据不足本表最小单位数、数据不详或无该项数据；"#"表示其中主要项；"*"或数字标示（如①等）表示本表下有注解。

EDITOR'S NOTES

A. *China Water Statistical Yearbook 2015*, as an annual reference book that introduces water resources development of the People's Republic of China, has systematically collected a wide range of statistical data of water resources, water environment, water investments in fixed assets, water projects and infrastructures, hydropower development etc. of the whole country and of each province, autonomous region and municipality directly under the administration of Central Government in 2014. In addition, the Yearbook provides main statistical data of water sector since the founding of the People's Republic of China in 1949.

B. The content of the Yearbook include nine chapters:

1. Rivers, lakes and water resources
2. River regulation
3. Agricultural irrigation
4. Water supply and water use
5. Soil and water conservation
6. Investments in water development
7. Rural hydropower development
8. Hydrological network
9. Employees

To help readers clearly understand the statistical data, a brief introduction is placed before each chapter, to make a briefing on main contents, data sources, statistical scope and method, and historical changes. Moreover, explanation of main statistical indices is given at the end of each chapter.

C. In the Yearbook, if no special explanation, the national statistics excludes those of Hong Kong Special Administrative Region, Macao Special Administrative Region and Taiwan Province. The data of 2012, the number of reservoir and the sluice and gate、 the length of embank、 irrigated area、 irrigation district、 electro-mechanical wells、 controlled area of soil erosion were revised according to the data of First National Census for Water. The data of 2013 of the water-saving irrigated area was revised according to the data of First National Census for Water.

D. Following methods are adopted when statistical data are produced and the Yearbook is edited:

1. Some statistical data from 1949 to 2014 are recorded, however some yearly data are excluded because the historical record is incomplete.

2. Statistical data of each year is collected on the basis of scope of administrative region of each province, and no adjustment is made after the changes of division of administrative region. For example, the data of Chongqing is covered by Sichuan Province before Chongqing changed to the Municipality.

3. Some statistical data are grouped based on river basins or grade-I water resources regions.

4. Historical data are kept unchanged.

5. Statistical data of Xinjiang cover that of the Xinjiang Production and Construction Corps.

E. Metric System is commonly applied for most of the data in the Yearbook as the unit of measurements, but in a few circumstances, units that widely used locally are adopted.

F. No automatic adjustment is made for calculation error of some total figures herein as a result of the dropping of a certain digit.

G. Where statistical data has continued table, the relevant annotations is listed at the bottom of the first table continued.

H. Notes on symbol-use: the space in tables of the Yearbook means that index data are less than the required minimum, or not quite clear or not available; # represents the main item; * or ① means that there are annotations at the bottom of the table.

目　录

CONTENTS

2 江河治理
River Regulation

简要说明
Brief Introduction

3　农业灌溉
Agricultural Irrigation

简要说明
Brief Introduction

4 供用水
Water Supply and Water Use

简要说明
Brief Introduction

5 水土保持
Soil and Water Conservation

简要说明
Brief Introduction

6 水利建设投资
Investments in Water Development

简要说明
Brief Introduction

7 农村水电
Rural Hydropower Development

简要说明
Brief Introduction

8　水文站网
Hydrological Network

简要说明
Brief Introduction

9　从业人员情况
Employees

简要说明
Brief Introduction

1 江河湖泊及水资源

Rivers，Lakes and Water Resources

简 要 说 明

江河湖泊及水资源统计资料包括主要江河、湖泊、自然资源与水资源的状况，降水量、水资源量、水旱灾害及水质等。

1. 自然状况包括国土、气候等资料，国土和气候资料来源于《中国统计年鉴 2011》和《中国统计年鉴 2012》。

2. 降水量资料，按照水资源一级分区和地区整理。

3. 水资源量资料汇总了 1997 年以来的数据，按水资源一级分区和地区整理。

4. 主要河流、内陆水域、湖泊资料，按照主要河流水系整理。

5. 河流水质、湖泊水质资料按水资源一级分区整理。

6. 主要江河年径流量为 50 年平均值。

Brief Introduction

Statistical data of rivers, lakes and water resources provides information on main rivers and lakes, conditions of natural resources and water resources, precipitation, volume of water resources, flood or drought disasters, water quality, etc.

1. Condition of natural resources covers data of land climate, which is sourced from *China Statistical Yearbook 2011* and *China Statistical Yearbook 2012*.

2. Data of precipitation is sorted according to grade-I water resources regions and regions.

3. Data of volume of water resources, collected since 1997, is classified according to regions and grade-I water resources regions.

4. Data of main rivers, inland water bodies and lakes is classified according to main watersheds.

5. Data of water quality in rivers and water quality in lakes is classified according to grade-I water resources regions.

6. Mean annual runoff of the main rivers is accumulated data of past 50 years.

1-1　中国主要河流水系表
Water Systems of Major Rivers in China

河　名	River	河长 /千米 Length /km	注　入 Running into
长　江	Yangtze River	6300	东海 East China Sea
黄　河	Yellow River	5464	渤海 Bo Hai
松花江	Songhua River	2308	黑龙江 Heilong River
珠　江	Pearl River	2214	南海 South China Sea
辽　河	Liaohe River	1390	渤海湾 Gulf of Bo Hai
海　河	Haihe River	1090	渤海湾 Gulf of Bo Hai
淮　河	Huaihe River	1000	长江 Yangtze River
滦　河	Luanhe River	877	渤海湾 Gulf of Bo Hai
闽　江	Minjiang River	541	东海 East China Sea
钱塘江	Qiantang River	428	东海 East China Sea
南渡江	Nandu River	311	琼州海峡 Qiongzhou Strait
浊水溪	Zhuoshuixi River	186	台湾海峡 Taiwan Strait

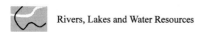

1-2 七大江河基本情况
General Conditions of Seven Major Rivers

河名 River	流域面积 /平方千米 Drainage Area /km²	年径流量 /亿立方米 Annual Runoff /10⁸m³	多年平均① Mean Average①						
			径流量 /亿立方米 Mean Annual Runoff /10⁸m³	人口 /亿人 Population /10⁸ persons	耕地 /千公顷 Cultivated Land /10³ha	人均占有年径流量 /立方米每人 Annual Runoff per Capita /(m³/person)	耕地亩均占有年径流量 /立方米 Annual Runoff per mu of Farmland /m³	粮食总产量 /万吨 Total Yield of Grain Production /10⁴t	播种面积平均亩产 /千克 Average Yield per mu of Cultivated Land /kg
长 江 Yangtze River	1808500	9513	9280	3.79	23467	2449	2636	14334.42	279
黄 河 Yellow River	752443	661	628	0.92	12133	683	345	2757.98	160
松花江 Songhua River	557180	762	733	0.51	10467	1437	467	2920.97	224
辽 河 Liaohe River	228960	148	126	0.34	4400	371	191	1770.64	308
珠 江 Pearl River	453690	3338	3360	0.82	4667	1098	4800	2195.58	236
海 河 Haihe River	263631	228	288	1.10	11333	262	169	3731.24	221
淮 河 Huaihe River	269283	622	611	1.42	12333	430	330	6122.13	247

① 是指50年平均值。

① It refers to the average over the past 50 years.

1-3 主要江河年径流量
Annual Runoff of Major Rivers

水 系 Water System	河 名 River	集水面积 /平方千米 Catchment Area /km²	河长 /千米 Length of River /km	多年平均[1] Mean Average[1]		
				年径流量 /亿立方米 Annual Runoff /10⁸m³	年径流深 /毫米 Depth of Annual Runoff /mm	年均流量 /立方米每秒 Mean Annual Runoff /(m³/s)
黑龙江 Heilong River	松花江 Songhua River	557180	2308	733	134	2320
	嫩江 Nenjiang River	282748	1369	225	80	713
	第二松花江 Second Songhua River	78723	799	165	210	517
	牡丹江 Mudan River	37023	726	84	228	267
辽河 Liaohe River	辽河 Liaohe River	228960	1390	126	55	400
	浑河 Hunhe River	11481	415	29	248	90
	太子河 Taizi River	13883	413	36	264	114
辽宁沿海 Coastal Rivers of Liaoning Province	大凌河 Daling River	23549	397	21	89	66
海滦河 Hai-Luan Rivers	滦河 Luanhe River	44750	877	48	109	152
	海河 Haihe River	263631	1090	228	87	723
	潮白河 Chaobai River	19559	467	19	109	61
	永定河 Yongding River	50830	681	20	45	65
	大清河 Daqing River	39244	483	44	113	140
	子牙河 Ziya River	46300	751	44	95	139
	漳卫南运河 Zhangweinan Canal	37200	959	42	128	133
黄河 Yellow River	黄河 Yellow River	752443	5464	628	84	1990
	洮河 Taohe River	25527	673	53	2080	168
	湟水 Huangshui River	32863	374	50	153	159
	无定河 Wuding River	30261	491	15	48	46
	汾河 Fenhe River	39471	694	27	67	84

① 根据河口控制站 1956—1979 年资料推算。

① It is calculated based on the data of control stations in river mouthes from 1956 to 1979.

1-3 续表 continued

水 系 Water System	河 名 River	集水面积 /平方千米 Catchment Area /km²	河长 /千米 Length of River /km	多年平均[1] Mean Average[1]		
				年径流量 /亿立方米 Annual Runoff /10⁸m³	年径流深 /毫米 Depth of Annual Runoff /mm	年均流量 /立方米每秒 Mean Annual Runoff /(m³/s)
黄河 Yellow River	渭河 Weihe River	134766	818	104	77	330
	伊洛河 Yiluo River	18881	447	35	184	110
	沁河 Qinhe River	13532	485	18	136	58
淮河 Huaihe River	淮河 Huaihe River	269283	1000	611	231	1940
	淮河水系 Huaihe River Water System	188497	1000	443	235	1400
	颍河 Yinghe River	39890	557	59	149	188
	史河 Shihe River	6850	211	35	511	111
	淠河 Pihe River	6450	248	39	601	123
	沂河 Yihe River	10315	220	34	331	108
	沭河 Shuhe River	6161	206	19	300	59
长江 Yangtze River	长江 Yangtze River	1808500	6300	9280	513	29460
	金沙江 Jinsha River	473242	2920	1520	321	4820
	雅砻江 Yalong River	128444	1190	586	456	1860
	岷江 Minjiang River	135868	711	921	678	2918
	嘉陵江 Jialing River	157928	1120	696	441	2210
	乌江 Wujiang River	87241	1020	530	608	1680
	湘江 Xiangjiang River	94660	856	759	802	2405
	资水 Zishui River	81422	653	239	849	759
	沅江 Yuanjiang River	89164	1033	667	748	2114
	澧水 Lishui River	18496	388	165	892	523
	汉江 Hanjiang River	159000	1565	557	350	1761
	赣江 Ganjiang River	80948	744	664	820	2105
	抚河 Fuhe River	15811	276	147	930	465

1-3 续表 continued

水 系 Water System	河 名 River	集水面积 /平方千米 Catchment Area /km²	河长 /千米 Length of River /km	多年平均[①] Mean Average[①]		
				年径流量 /亿立方米 Annual Runoff /10⁸m³	年径流深 /毫米 Depth of Annual Runoff /mm	年均流量 /立方米每秒 Mean Annual Runoff /(m³/s)
珠江 Pearl River	柳江 Liujiang River	58270	775	527	904	1670
	北江 Beijiang River	46710	468	510	1092	1620
	东江 Dongjiang River	27010	520	257	950	815
韩江 Hanjiang River	韩江 Hanjiang River	30100	470	261	867	828
海南岛诸河 Rivers in Hainan Island	南渡河 Nandu River	7176	311	70	977	222
浙闽诸河 Rivers in Zhejiang and Fujian	钱塘江 Qiantang River	12156	428	364	874	1160
	瓯江 Oujiang River	17859	388	189	1058	599
	闽江 Minjiang River	60992	541	586	961	1870
河西内陆河 Inland Rivers of Hexi Corridor Region	昌马河 Changma River	13405	320	10	74	32
	黑河 Heihe River	10009	303	16	155	49
新疆内陆河 Inland Rivers of Xinjiang	乌伦古河 Wulungu River	32040	821	11	33	34
青海内陆河 Inland Rivers of Qinghai	格尔木河 Golmud River	18648	227	8	40	24

1-4 河流流域面积
Drainage Area of Rivers

流 域 名 称	River	流域面积 /平方千米 Drainage Area /km²	占外流河、 内陆河流域 面积合计 /% Percentage to Total /%
合计	**Total**	**9506678**	**100.00**
外流河	**Out-flowing Rivers**	**6150927**	**64.70**
黑龙江及绥芬河	Heilong River and Suifen River	934802	9.83
辽河、鸭绿江及沿海诸河	Liaohe River, Yalu River and Coastal Rivers	314146	3.30
海滦河	Hai-Luan Rivers	320041	3.37
黄河	Yellow River	752773	7.92
淮河及山东沿海诸河	Huaihe River and Coastal Rivers in Shandong	330009	3.47
长江	Yangtze River	1782715	18.75
浙闽台诸河	Rivers in Zhejiang, Fujian and Taiwan	244574	2.57
珠江及沿海诸河	Pearl River and Coastal Rivers	578974	6.09
元江及澜沧江	Yuanjiang River and Lancang River	240389	2.53
怒江及滇西诸河	Nujiang River and Rivers in West Yunnan	157392	1.66
雅鲁藏布江及藏南诸河	Yarlung Zangbo River and Rivers in South Tibet	387550	4.08
藏西诸河	Rivers in West Tibet	58783	0.62
额尔齐斯河	Irtysh River	48779	0.51
内陆河	**Inland Rivers**	**3355751**	**35.30**
内蒙古内陆河	Inland Rivers in Inner Mongolia	311378	3.28
河西内陆河	Inland Rivers in Hexi Corridor Region	469843	4.94
准噶尔内陆河	Inland Rivers in Junggar Basin	323621	3.40
中亚细亚内陆河	Inland Rivers in Central Asia	77757	0.82
塔里木内陆河	Inland Rivers in Tarim Basin	1079643	11.36
青海内陆河	Inland Rivers in Qinghai	321161	3.38
羌塘内陆河	Inland Rivers in Qiangtang	730077	7.68
松花江、黄河、藏南闭流区	Closed-Drainage Area of Songhua River, Yellow River and Rivers in Southern Tibet	42271	0.44

注　本表数据为 2002—2005 年进行的第二次水资源评价数据。

Note　Figures in this table are from the second water resources evaluation between 2002 and 2005.

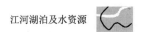

1-5 内 陆 水 域 面 积
Area of Inland Water Bodies

单位：千公顷　　　　　　　　　　　　　　　　　　　　　　　　　　　　unit: 10³ha

水 域 Water Body	总水面面积 Total Area of Water Surface	#可养殖水面面积 Area of Cultivatable Waters	已养殖水面面积 Area of Cultivated Waters	尚可利用水面面积 Area of Utilizable Waters
合 计 Total	17471	6749	4669	2178
河 沟 Valley (Gully)	5278	766	347	419
水 库 Reservoir	2302	1884	1516	368
湖 泊 Lake	7524	2151	824	1327
池 塘 Pool	1922	1922	1858	64
其 他 Others	445	26	124	

注　本表数据来源于《中国统计年鉴2011》。

Source: *China Statistical Yearbook 2011.*

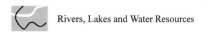

1-6 全 国 主 要 湖 泊
Key Lakes in China

湖　　名 Lake	主　要　所　在　地 Main Location	湖泊面积 /平方千米 Area /km²	湖水贮量 /亿立方米 Storage /10⁸m³
青海湖　Qinghai Lake	青海　Qinghai	4200	742
鄱阳湖　Poyang Lake	江西　Jiangxi	3960	259
洞庭湖　Dongting Lake	湖南　Hunan	2740	178
太湖　Taihu Lake	江苏　Jiangsu	2338	44
呼伦湖　Hulun Lake	内蒙古　Inner Mongolia	2000	111
纳木错　Namtso Lake	西藏　Tibet	1961	768
洪泽湖　Hongze Lake	江苏　Jiangsu	1851	24
色林错　Selincuo Lake	西藏　Tibet	1628	492
南四湖　Nansi Lake	山东　Shandong	1225	19
扎日南木错　Zharinanmucuo Lake	西藏　Tibet	996	60
博斯腾湖　Bostan Lake	新疆　Xinjiang	960	77
当惹雍错　Dangreyongcuo Lake	西藏　Tibet	835	209
巢湖　Chaohu Lake	安徽　Anhui	753	18
布伦托海　Buluntuohai Lake	新疆　Xinjiang	730	59
高邮湖　Gaoyou Lake	江苏　Jiangsu	650	9
羊卓雍错　Yamdrok Lake	西藏　Tibet	638	146
鄂陵湖　Eling Lake	青海　Qinghai	610	108
哈拉湖　Hala Lake	青海　Qinghai	538	161
阿雅格库木湖　Ayakkum Lake	新疆　Xinjiang	570	55
扎陵湖　Gyaring Lake	青海　Qinghai	526	47
艾比湖　Aibi Lake	新疆　Xinjiang	522	9
昂拉仁错　Anglarencuo Lake	西藏　Tibet	513	102
塔若错　Taruocuo Lake	西藏　Tibet	487	97
格仁错　Gerencuo Lake	西藏　Tibet	476	71
赛里木湖　Sayram Lake	新疆　Xinjiang	454	210
松花湖　Songhua Lake	吉林　Jilin	425	108
班公错　Palgon Lake	西藏　Tibet	412	74
玛旁雍错　Manasarovar Lake	西藏　Tibet	412	202
洪湖　Honghu Lake	湖北　Hubei	402	8
阿次克湖　Acike Lake	新疆　Xinjiang	345	34
滇池　Dianchi Lake	云南　Yunnan	298	12
拉昂错　Raksas Tal Lake	西藏　Tibet	268	40
梁子湖　Liangzi Lake	湖北　Hubei	256	7
洱海　Erhai Lake	云南　Yunnan	253	26
龙感湖　Longgan Lake	安徽　Anhui	243	4
骆马湖　Luoma Lake	江苏　Jiangsu	235	3
达里诺尔　Dalinuoer Lake	内蒙古　Inner Mongolia	210	22
抚仙湖　Fuxian Lake	云南　Yunnan	211	19
泊湖　Pohu Lake	安徽　Anhui	209	3
石臼湖　Shijiu Lake	江苏　Jiangsu	208	4
月亮泡　Yueliangpao Lake	吉林　Jilin	206	5
岱海　Daihai Lake	内蒙古　Inner Mongolia	140	13
波特港湖　Botegang Lake	新疆　Xinjiang	160	13
镜泊湖　Jingpo Lake	黑龙江　Heilongjiang	95	16

1-6 续表 continued

湖 名 Lake	所 在 流 域 River Basin		水 型 Lake Type
	内陆湖区 Inland Lake Region	外流湖区 Out-flowing Lake Region	
青海湖 Qinghai Lake	柴达木区 Qaidam		咸水湖 Saltwater Lake
鄱阳湖 Poyang Lake		长江流域 Yangtze River Basin	淡水湖 Freshwater Lake
洞庭湖 Dongting Lake		长江流域 Yangtze River Basin	淡水湖 Freshwater Lake
太湖 Taihu Lake		长江流域 Yangtze River Basin	淡水湖 Freshwater Lake
呼伦湖 Hulun Lake	内蒙古区 Inner Mongolia		咸水湖 Saltwater Lake
纳木错 Namtso Lake	藏北区 North Tibet		咸水湖 Saltwater Lake
洪泽湖 Hongze Lake		淮河流域 Huaihe River Basin	淡水湖 Freshwater Lake
色林错 Selincuo Lake	藏北区 North Tibet		咸水湖 Saltwater Lake
南四湖 Nansi Lake		淮河流域 Huaihe River Basin	淡水湖 Freshwater Lake
扎日南木错 Zharinanmucuo Lake	藏北区 North Tibet		咸水湖 Saltwater Lake
博斯腾湖 Bostan Lake	甘新区 Gansu-Xinjiang Region		咸水湖 Saltwater Lake
当惹雍错 Dangreyongcuo Lake	藏北区 North Tibet		咸水湖 Saltwater Lake
巢湖 Chaohu Lake		长江流域 Yangtze River Basin	淡水湖 Freshwater Lake
布伦托海 Buluntuohai Lake	甘新区 Gansu-Xinjiang Region		咸水湖 Saltwater Lake
高邮湖 Gaoyou Lake		淮河流域 Huaihe River Basin	淡水湖 Freshwater Lake
羊卓雍错 Yamdrok Lake	藏北区 North Tibet		咸水湖 Saltwater Lake
鄂陵湖 Eling Lake		黄河流域 Yellow River Basin	淡水湖 Freshwater Lake
哈拉湖 Hala Lake	柴达木区 Qaidam		咸水湖 Saltwater Lake
阿雅格库木湖 Ayakkum Lake	藏北区 North Tibet		咸水湖 Saltwater Lake
扎陵湖 Gyaring Lake		黄河流域 Yellow River Basin	淡水湖 Freshwater Lake
艾比湖 Aibi Lake	甘新区 Gansu-Xinjiang Region		咸水湖 Saltwater Lake
昂拉仁错 Anglarencuo Lake	藏北区 North Tibet		咸水湖 Saltwater Lake
塔若错 Taruocuo Lake	藏北区 North Tibet		咸水湖 Saltwater Lake
格仁错 Gerencuo Lake	藏北区 North Tibet		淡水湖 Freshwater Lake
赛里木湖 Sayram Lake	甘新区 Gansu-Xinjiang Region		咸水湖 Saltwater Lake
松花湖 Songhua Lake		黑龙江流域 Heilong River Basin	淡水湖 Freshwater Lake
班公错 Palgon Lake	藏北区 North Tibet		东淡西咸 Freshwater in the East and Saltwater in the West
玛旁雍错 Manasarovar Lake	藏南区 South Tibet		淡水湖 Freshwater Lake
洪湖 Honghu Lake		长江流域 Yangtze River Basin	淡水湖 Freshwater Lake
阿次克湖 Acike Lake	藏北区 North Tibet		咸水湖 Saltwater Lake
滇池 Dianchi Lake		长江流域 Yangtze River Basin	淡水湖 Freshwater Lake
拉昂错 Raksas Tal Lake	藏南区 South Tibet		淡水湖 Freshwater Lake
梁子湖 Liangzi Lake		长江流域 Yangtze River Basin	淡水湖 Freshwater Lake
洱海 Erhai Lake		西南诸河 Southwest Region	淡水湖 Freshwater Lake
龙感湖 Longgan Lake		长江流域 Yangtze River Basin	淡水湖 Freshwater Lake
骆马湖 Luoma Lake		淮河流域 Huaihe River Basin	淡水湖 Freshwater Lake
达里诺尔 Dalinuoer Lake	内蒙古区 Inner Mongolia		咸水湖 Saltwater Lake
抚仙湖 Fuxian Lake		珠江流域 Pearl River Basin	淡水湖 Freshwater Lake
泊湖 Pohu Lake		长江流域 Yangtze River Basin	淡水湖 Freshwater Lake
石臼湖 Shijiu Lake		长江流域 Yangtze River Basin	淡水湖 Freshwater Lake
月亮泡 Yueliangpao Lake		黑龙江流域 Heilong River Basin	淡水湖 Freshwater Lake
岱海 Daihai Lake	内蒙古区 Inner Mongolia		咸水湖 Saltwater Lake
波特港湖 Botegang Lake	甘新区 Gansu-Xinjiang Region		淡水湖 Freshwater Lake
镜泊湖 Jingpo Lake		黑龙江流域 Heilong River Basin	淡水湖 Freshwater Lake

1-7 湖 泊 面 积
Area of Lakes

地 区 Zoning		湖水面积 /平方千米 Area of Lakes /km^2	湖水贮量 /亿立方米 Storage of Lakes /10^{8}m^3	#淡水贮量 Storage of Freshwater	占湖泊淡水总贮量 /% Percentage to Total Storage of Lake Freshwater /%
合 计	Total	75610	7510	2150	100.0
青藏高原	Tibet Plateau	36560	5460	880	40.9
东部平原	Eastern Plain	23430	820	820	38.1
蒙新高原	Mongolia and Xinjiang Plateau	8670	760	20	0.9
东北平原	Northeast Plain	4340	200	160	7.4
云南高原	Yunnan Plateau	1100	240	240	11.2
其 他	Others	1510	30	30	1.4

注　本表数据来源于《中国统计年鉴 2011》。

Source: *China Statistical Yearbook 2011.*

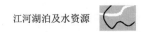

1-8 各地区湖泊个数和面积[①]

Number and Area of Lakes, by Region[①]

地区	Region	湖泊数量 /个 Number of Lakes /unit	淡水湖 Freshwater Lake	咸水湖 Saltwater Lake	盐湖 Salt Lake	其他 Others	湖泊面积 /平方千米 Lake Area /km²	淡水湖 Freshwater Lake	咸水湖 Saltwater Lake	盐湖 Salt Lake	其他 Others
合 计	Total	2865[②]	1594	945	166	160	78007.1	35149.9	39205.0	2003.7	1648.6
北京	Beijing	1	1				1.3	1.3			
天津	Tianjin	1	1				5.1	5.1			
河北	Hebei	23	6	13	4		364.8	268.5	90.7	5.6	
山西	Shanxi	6	4	2			80.7	18.8	61.9		
内蒙古	Inner Mongolia	428	86	268	73	1	3915.8	571.6	3101.4	240.0	2.8
辽宁	Liaoning	2	2				44.7	44.7			
吉林	Jilin	152	27	39	67	19	1055.2	165.6	486.4	338.9	64.3
黑龙江	Heilongjiang	253	241	12			3036.9	2890.8	146.1		
上海	Shanghai	14	14				68.1	68.1			
江苏	Jiangsu	99	99				5887.3	5887.3			
浙江	Zhejiang	57	57				99.2	99.2			
安徽	Anhui	128	128				3505.0	3505.0			
福建	Fujian	1	1				1.5	1.5			
江西	Jiangxi	86	86				3802.2	3802.2			
山东	Shandong	8	7	1			1051.7	1047.7	4.0		
河南	Henan	6	6				17.2	17.2			
湖北	Hubei	224	224				2569.2	2569.2			
湖南	Hunan	156	156				3370.7	3370.7			
广东	Guangdong	7	6	1			18.7	17.5	1.2		
广西	Guangxi	1	1				1.1	1.1			
海南	Hainan										
重庆	Chongqing										
四川	Sichuan	29	29				114.5	114.5			
贵州	Guizhou	1	1				22.9	22.9			
云南	Yunnan	29	29				1115.9	1115.9			
西藏	Tibet	808	251	434	14	109	28868.0	4341.5	22338.3	1234.7	953.5
陕西	Shaanxi	5		5			41.1		41.1		
甘肃	Gansu	7	3	3	1		100.6	22.0	13.6	65.0	
青海	Qinghai	242	104	125	8	5	12826.5	2516.0	10193.8	103.7	13.0
宁夏	Ningxia	15	11	4			101.3	57.1	44.3		
新疆	Xinjiang	116	44	44	2	26	5919.8	2606.8	2682.2	15.8	615.1

① 面积大于或等于1km².
② 有40个跨省湖泊在分省数据中有重复统计。
① The lake area is larger or equal to 1km².
② In the data by regions, 40 trans-provincial lakes are calculated twice.

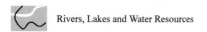

1-9　海区海域及渔场面积
Areas of Sea and Fishing Ground

名　称 Name of the Sea		海域总面积 /千公顷 Total Area of the Sea /10³ha	大陆架渔场面积 /千公顷 Area of Fishing Ground of Continental Shelf /10³ha	深度/米 Depth/m	
				平均 Average	最大 Maximum
合　计	**Total**	**472700**	**280000**		
渤　海	Bo Hai	7700	7700	18	70
黄　海	Yellow Sea	38000	35300	44	140
东　海	East China Sea	77000	54900	370	2719
南　海	South China Sea	350000	182100	1212	5559

注　本表数据来源于《中国统计年鉴 2011》。
Source: *China Statistical Yearbook 2011.*

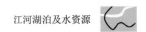

1-10 民族自治地方自然资源
Natural Resources of Autonomous Regions of Ethnic Groups

项　目	Item	2010	占全国百分数/% Percentage to National Total /%
总面积/万平方千米	**Total Area /10^4km^2**	**611.73**	**63.72**
牧区、半农半牧区草原面积/万公顷	Area of Grasslands in Pastoral and Semi-pastoral Areas /10^4ha	30000.00	75.00
森林面积/万公顷	Area of Forest /10^4ha	5648.00	42.20
森林蓄积量/亿立方米	National Forest Inventories /10^8m^3	52.49	51.80
水力资源蕴藏量/亿千瓦	Hydropower Resources /10^8kW	4.46	66.00

注　1. 本表数据来源于《中国统计年鉴2011》。
　　2. 除总面积外，其他资源为以前清查数，有待进一步勘测。
Note　1. Source: *China Statistical Yearbook 2011.*
　　2. Data of resources, except total area, were obtained from surveys in previous years, and are subject to further verification.

1-11 2014年自然状况及水资源
Natural Conditions and Water Resources in 2014

项 目	Item	2014
国土	**Territory**	
国土面积/万平方千米	Area of Land/10^4km^2	960
海域面积/万平方千米	Area of Sea/10^4km^2	473
海洋平均深度/米	Average Depth of Sea/m	961
海洋最大深度/米	Maximum Depth of Sea/m	5377
岸线总长度/千米	Length of Coastline/km	32000
大陆岸线长度/千米	Continental Shore/km	18000
岛屿岸线长度/千米	Island Shore/km	14000
气候	**Climate**	
热量分布(积温≥0℃)	Distribution of Heat (Accumulated Temperature≥0℃)	
黑龙江北部及青藏高原	Northern Heilongjiang and Tibet Plateau	2000~2500
东北平原	Northeast Plain	3000~4000
华北平原	North China Plain	4000~5000
长江流域及以南地区	Yangtze River Basin and the Area to the South of it	5800~6000
南岭以南地区	Area to the South of Nanling Mountain	7000~8000
降水量/毫米	**Precipitation/mm**	
台湾中部山区	Mid-Taiwan Mountainous Region	≥4000
华南沿海	Coastal Region in South China	1600~2000
长江流域	Yangtze River Basin	1000~1500
华北、东北	North and Northeast China	400~800
西北内陆	Northwest Inland Area	100~200
塔里木盆地、吐鲁番盆地和柴达木盆地	Tarim Basin, Turpan Basin and Qaidam Basin	≤25
气候带面积比例(国土面积=100)	**Percentage of Climatic Zones to Total Area of Territory**	
湿润地区(干燥度＜1.0)	Humid Zone(aridity<1.0)	32
半湿润地区(干燥度=1.0~1.5)	Semi-Humid Zone (aridity 1.0-1.5)	15
半干旱地区(干燥度=1.5~2.0)	Semi-Arid Zone (aridity 1.5-2.0)	22
干旱地区(干燥度＞2.0)	Arid Zone (aridity>2.0)	31
水资源总量/亿立方米	**Total Water Availability/10^8m^3**	**27266.9**
地表水资源量	Surface Water	26263.9
地下水资源量	Groundwater	7745.0
地表水与地下水资源重复量	Duplicated Amount of Surface Water and Groundwater	6742.0
降水总量/亿立方米	**Total Precipitation/10^8m^3**	

注　1. 气候资料为多年平均值。

　　2. 岛屿面积未包括香港、澳门特别行政区和台湾省。

　　3. 本表部分数据来源于《中国统计年鉴2011》。

Note　1. The data of climate is the average of many years.

　　2. The area of islands does not include that of Hong Kong Special Administrative Region, Macao Special Administrative Region and Taiwan Province.

　　3. Parts of data in the table are sourced from *China Statistical Yearbook 2011*.

1-12 2014 年各地区降水量与 2013 年和常年值比较

Comparison of Precipitation of 2014 with 2013 and Normal Year, by Region

地区	Region	降水量 /毫米 Precipitation /mm	与2013年比较 增减/% Increase or Decrease Comparing to 2013/%	与常年值比较 增减/% Increase or Decrease Comparing to Normal Year/%
合 计	**Total**	**622.3**	**−3.8**	**−0.8**
北 京	Beijing	438.8	−12.4	−26.7
天 津	Tianjin	423.1	−8.5	−26.4
河 北	Hebei	408.2	−23.2	−23.2
山 西	Shanxi	542.9	−7.7	6.7
内蒙古	Inner Mongolia	280.0	−11.3	−0.8
辽 宁	Liaoning	453.6	−39.6	−33.1
吉 林	Jilin	518.2	−34.6	−14.9
黑龙江	Heilongjiang	563.1	−20.4	5.6
上 海	Shanghai	1342.2	31.5	23.2
江 苏	Jiangsu	1044.5	25.3	5.0
浙 江	Zhejiang	1771.7	11.5	10.6
安 徽	Anhui	1278.5	24.9	9.0
福 建	Fujian	1705.0	4.8	1.6
江 西	Jiangxi	1668.6	14.0	1.8
山 东	Shandong	518.8	−23.9	−23.7
河 南	Henan	725.9	25.9	−5.9
湖 北	Hubei	1130.7	9.1	−4.2
湖 南	Hunan	1503.2	11.0	3.7
广 东	Guangdong	1691.2	−22.4	−4.5
广 西	Guangxi	1582.8	−6.7	3.0
海 南	Hainan	1993.0	−16.7	13.9
重 庆	Chongqing	1270.0	19.4	7.3
四 川	Sichuan	926.1	−10.9	−5.4
贵 州	Guizhou	1273.3	29.7	8.0
云 南	Yunnan	1143.4	−3.9	−10.6
西 藏	Tibet	574.6		0.5
陕 西	Shaanxi	703.3	−0.7	7.2
甘 肃	Gansu	294.3	−9.4	−2.3
青 海	Qinghai	349.3	16.9	20.3
宁 夏	Ningxia	363.9	14.2	26.1
新 疆	Xinjiang	145.6	−21.7	−5.9

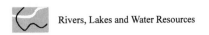

1-13 2014年各水资源一级区降水量与2013年和常年值比较

Comparison of Precipitation of 2014 with 2013 and
Normal Year in Grade-Ⅰ Water Resources Sub-region

水资源 一级区	Grade-Ⅰ Water Resources Sub-region	降水量 /毫米 Precipitation /mm	与2013年比较 增减 /% Increase or Decrease Comparing to 2013 /%	与常年值比较 增减 /% Increase or Decrease Comparing to Normal Year /%
全　国	**Total**	**622.3**	**−3.8**	**−0.8**
松花江区	Songhua River	511.9	−24.0	1.5
辽河区	Liaohe River	425.5	−26.1	−21.9
海河区	Haihe River	427.4	−22.0	−20.2
黄河区	Yellow River	487.4	1.2	9.3
淮河区	Huaihe River	784.0	10.6	−6.5
长江区	Yangtze River	1100.6	7.0	1.3
其中：太湖流域	Among Which: Taihu Lake	1288.3	18.1	8.7
东南诸河区	Rivers in Southeast	1779.1	10.5	7.2
珠江区	Pearl River	1567.1	−10.2	1.2
西南诸河区	Rivers in Southwest	1036.8	−2.1	−4.7
西北诸河区	Rivers in Northwest	155.8	−11.7	−3.4

1-14 2014 年主要城市降水量

Monthly Precipitation of Major Cities in 2014

单位：毫米   unit: mm

城市	City	1月 Jan.	2月 Feb.	3月 Mar.	4月 Apr.	5月 May	6月 June	7月 July	8月 Aug.	9月 Sept.	10月 Oct.	11月 Nov.	12月 Dec.	全年 Total of the Year
北京	Beijing	0.0	4.8	0.9	20.8	33.7	91.8	119.8	50.1	127.6	12.0	0.0	0.0	461.5
天津	Tianjin	0.0	3.7	0.6	12.8	46.4	87.0	87.7	142.5	30.7	27.9	0.1	2.0	441.4
石家庄	Shijiazhuang	0.0	7.0	0.9	24.9	28.7	38.7	80.9	12.3	86.6	14.8	0.0	0.0	294.8
太原	Taiyuan	0.0	8.6	19.4	20.9	45.8	70.5	97.3	67.5	83.2	9.6	5.9	0.0	428.7
呼和浩特	Hohhot	0.0	7.4	0.0	16.3	45.4	49.9	108.9	57.0	81.7	25.7	2.3	0.2	394.8
沈阳	Shenyang	3.5	6.0	7.2	0.0	97.8	96.6	60.2	13.8	27.5	28.5	8.9	12.9	362.9
长春	Changchun	4.1	2.1	27.7	1.8	79.2	78.6	116.7	49.5	62.1	5.7	6.7	11.8	446.0
哈尔滨	Harbin	0.8	1.2	1.3	6.1	91.4	56.8	115.5	83.8	32.2	14.1	1.2	11.4	415.8
上海	Shanghai	19.8	143.9	59.6	139.4	61.5	175.9	192.2	229.3	196.0	37.3	34.6	5.8	1295.3
南京	Nanjing	20.6	121.2	68.4	97.6	26.3	111.8	263.5	158.8	89.2	32.0	97.9	3.8	1091.1
杭州	Hangzhou	32.0	155.9	78.9	82.7	159.8	178.5	196.3	203.3	170.6	32.1	62.3	7.5	1359.9
合肥	Hefei	22.3	122.4	47.4	186.7	61.4	116.2	217.0	162.0	91.5	48.5	10.3.1	1.7	1180.2
福州	Fuzhou	4.8	120.2	88.5	167.6	304.1	261.7	210.0	363.6	42.0	3.6	27.3	34.6	1628.0
南昌	Nanchang	13.2	131.8	236.3	172.8	306.1	382.2	328.4	60.6	118.9	27.9	101.1	11.2	1890.5
济南	Ji'nan	0.0	20.9	0.0	29.1	47.6	90.5	112.2	106.6	80.6	9.2	23.3	1.4	521.4
郑州	Zhengzhou	0.1	24.3	6.9	56.4	57.6	27.5	50.3	67.7	228.0	15.1	17.6	0.1	551.6
武汉	Wuhan	37.3	93.1	94.1	147.3	77.1	65.4	151.7	145.1	113.7	140.9	141.2	1.7	1208.6
长沙（望城）	Changsha(Wangcheng)	13.2	105.4	210.0	107.3	226.3	158.7	250.1	127.6	40.6	53.4	79.3	14.9	1386.8
广州	Guangzhou	0.7	33.7	274.6	177.1	542.9	300.7	199.8	513.1	96.1	1.2	35.9	58.2	2234.0
南宁	Nanning	1.5	15.6	30.9	52.2	51.7	147.8	274.8	122.2	329.2	86.9	74.8	47.1	1234.7
海口	Haikou	0.0	30.5	23.4	73.9	247.9	116.7	599.8	171.7	353.9	154.7	26.7	62.1	1861.3
重庆（沙坪坝）	Chongqing(Shapingba)	5.6	16.3	187.5	110.3	120.4	252.7	107.0	239.0	233.0	73.4	88.5	18.4	1452.1
成都（温江）	Chengdu(Wenjiang)	1.1	8.7	13.0	46.2	51.9	132.2	389.5	180.8	51.6	77.8	16.5	5.7	975.0
贵阳	Guiyang	16.6	37.7	89.1	46.2	224.4	303.4	419.0	167.2	101.3	88.3	55.7	13.1	1562.0
昆明	Kunming	7.0	19.4	8.1	16.2	79.1	276.7	182.9	271.5	149.9	29.8	31.8	5.9	1078.3
拉萨	Lhasa	1.2	0.0	5.7	13.3	9.5	55.8	258.9	213.8	75.0	2.3	2.3	0.0	637.8
西安（泾河）	Xi'an(Jinghe)	0.3	16.2	13.9	65.6	53.4	62.7	80.3	96.8	230.3	20.7	19.5	0.5	660.2
兰州（皋兰）	Lanzhou(Gaolan)	0.0	7.6	7.0	59.0	12.9	50.6	66.0	42.4	80.8	28.2	1.1	0.0	355.6
西宁	Xining	0.0	2.3	1.9	48.0	26.1	109.3	86.4	59.3	71.6	32.2	9.4	0.0	446.5
银川	Yinchuan	0.0	4.4	0.0	30.6	1.7	34.0	-22.8	31.6	14.5	22.5	7.1	0.0	169.2
乌鲁木齐	Urumqi	8.2	20.6	26.4	68.1	32.5	6.1	21.3	6.1	29.9	24.0	31.6	22..2	297.0

注　本表数据来源于《中国统计年鉴 2015》。

Source: *China Statistical Yearbook 2015.*

1-15　各流域片年平均降水量、径流量

Mean Annual Precipitation and Runoff by River Basin

各 流 域 片	River Basin	计算面积 /平方千米 Calculated Area /km^2	多年平均* Mean Average*			
			年降水量 /毫米 Annual Precipitation /mm	年径流深 /毫米 Annual Runoff /mm	年降水总量 /亿立方米 Annual Precipitation /10^{8}m^3	年径流量 /亿立方米 Annual Runoff /10^{8}m^3
合计	Total	9545322	648	284	61889	27115
一、黑龙江流域片	I . Heilong River Basin	903418	496	129	4476	1166
1. 嫩江	1. Nenjiang River	267817	450	94	1205	251
2. 第二松花江	2. Second Songhua River	78723	666	210	524	165
3. 松花江干流	3. Mainstream of Songhua River	210640	573	164	1206	346
松花江流域	Songhua River Basin	557180	527	137	2935	762
二、辽河流域片	II . Liaohe River Basin	345027	551	141	1901	487
4. 辽河流域	4. Liaohe River Basin	228960	473	65	1082	148
5. 辽宁沿海诸河	5. Coastal Rivers of Liaoning Province	60740	639	207	388	126
三、海滦河流域片	III. Hai-Luan Rivers Basin	318161	560	91	1781	288
6. 滦河(含冀东沿海诸河)	6. Luanhe River (Including Coastal Rivers in the East of Hebei Province)	54530	565	110	308	60
7. 海河北系	7. North System of Haihe River	83119	507	80	421	67
8. 海河南系	8. South System of Haihe River	148669	580	98	862	145
9. 徒骇马颊河	9. Tuhaimajia River	31843	597	52	190	17
海河流域	Haihe River Basin	263631	559	87	1473	228
四、黄河流域片	IV. Yellow River Basin	794712	464	83	3691	661
10. 湟水	10. Huangshui River	32863	502	153	165	50
11. 洮河	11. Taohe River	25527	603	208	154	53
12. 兰州以上干流区间	12. Mainstream above Lanzhou	164161	473	149	777	244
13. 兰州—河口镇	13. Lanzhou-Hekou Town	163415	271	9	443	14
黄河上游	Upper Reaches of Yellow River	385966	399	94	1539	362
14. 河口镇—龙门	14. Hekou Town-Longmen	111595	460	54	513	60
15. 汾河	15. Fenhe River	39471	530	67	209	27
16. 泾河	16. Jinghe River	45421	539	46	245	21
17. 洛河	17. Luohe River	26905	550	37	148	10
18. 渭河	18. Weihe River	62440	629	117	393	73
19. 龙门—三门峡干流区间	19. Mainstream of Longmen-Sanmenxia	16623	573	73	95	12

注　"*"是指 1956—1979 年数据平均。

Note　"*" refers to the average in 1956-1979.

1-15 续表 continued

各 流 域 片	River Basin	计算面积 /平方千米 Calculated Area /km²	多年平均* Mean Average*			
			年降水量 /毫米 Annual Precipitation /mm	年径流深 /毫米 Annual Runoff /mm	年降水总量 /亿立方米 Annual Precipitation /10⁸m³	年径流量 /亿立方米 Annual Runoff /10⁸m³
20. 伊洛河	20. Yiluo River	18881	694	184	131	35
21. 沁河	21. Qinhe River	13532	642	136	87	18
22. 三门峡—花园口干流区间	22. Mainstream of Sanmenxia-Huayuankou	9202	648	133	60	12
黄河中游	Middle Reaches of Yellow River	344070	547	78	1881	267
23. 黄河下游	23. Lower Reaches of Yellow River	22407	674	130	151	29
黄河流域	Yellow River Basin	752443	475	88	3571	658
24. 鄂尔多斯内流区	24. Ordos Endorheic River Region	42269	284	8	120	3
五、淮河流域片	V. Huaihe River Basin	329211	860	225	2830	741
25. 淮河上中游	25. Upper and Middle Reaches of Huaihe River	160837	889	234	1430	376
26. 淮河下游	26. Lower Reaches of Huaihe River	30337	1015	258	308	78
27. 沂沭泗河	27. Yi-Shu-Si Rivers	78109	836	215	653	168
淮河流域	Huaihe River Basin	269283	889	231	2390	622
28. 山东沿海诸河	28. Coastal Rivers of Shandong Province	59928	733	199	439	119
六、长江流域片	VI. Yangtze River Basin	1808500	1071	526	19360	9513
29. 金沙江	29. Jinsha River	490650	706	313	3466	1535
30. 岷沱江	30. Min-Tuo Rivers	164766	1083	627	1785	1033
31. 嘉陵江	31. Jialing River	158776	965	443	1532	704
32. 乌江	32. Wujiang River	86976	1164	620	1012	539
33. 长江上游干流区间	33. Mainstream of Upper Reaches of Yangtze River	100504	1169	653	1175	656
长江上游	Upper Reaches of Yangtze River	1001672	896	446	8570	4467
34. 洞庭湖水系	34. Water System of Dongting Lake	262344	1414	767	3709	2012
35. 汉江	35. Hanjiang River	155204	900	361	1396	560
36. 鄱阳湖水系	36. Water System of Poyang Lake	162274	1598	853	2593	1384
37. 长江中游干流区间	37. Mainstream of Middle Reaches of Yangtze River	57069	1243	550	1207	534
长江中游	Middle Reaches of Yangtze River	676891	1316	663	8905	4490
38. 太湖水系	38. Water System of Taihu Lake	37464	1105	366	414	137
39. 长江下游干流区间	39. Mainstream of Lower Reaches of Yangtze River	92473	1158	453	1071	419
长江下游	Lower Reaches of Yangtze River	129937	1143	428	1485	556
七、珠江流域片	VII. Pearl River Basin	580641	1544	807	8967	4685
40. 南北盘江	40. South and North Panjiang River	82480	1122	467	925	385
41. 红水河与柳黔江	41. Hongshui River and Liuqian River	115525	1480	782	1710	903
42. 北江	42. Beijiang River	44725	1757	1096	786	490

1-15 续表 continued

各 流 域 片	River Basin	计算面积 /平方千米） Calculated Area /km²	多年平均* Mean Average*			
			年降水量 /毫米 Annual Precipitation /mm	年径流深 /毫米 Annual Runoff /mm	年降水总量 /亿立方米 Annual Precipitation /10⁸m³	年径流量 /亿立方米 Annual Runoff /10⁸m³
43. 东江	43. Dongjiang River	28191	1788	993	504	280
44. 珠江三角洲	44. Pearl River Delta	31443	1791	996	563	313
珠江流域	Pearl River Basin	444304	1469	751	6528	3338
45. 韩江	45. Hanjiang River	32457	1630	881	529	286
46. 粤东沿海诸河	46. Coastal Rivers of East Guangdong	13653	2058	1260	281	172
47. 桂南粤西沿海诸河	47. Coastal Rivers of South Guangxi and West Guangdong	56093	1836	1032	1030	579
48. 海南岛和南海诸岛	48. Hainan Island and South China Sea Islands	34134	1755	908	599	310
八、浙闽诸河片	VIII. Rivers in Zhejiang and Fujian	239803	1758	1066	4216	2557
49. 钱塘江(含浦阳江)	49. Qiantang River (Including Puyang River)	42156	1587	875	669	369
50. 浙东诸河	50. Rivers in East Zhejiang	18592	1442	715	268	133
51. 浙南诸河	51. Rivers in South Zhejiang	32775	1718	1062	563	348
52. 闽江	52. Minjiang River	60992	1710	961	1043	586
53. 闽东沿海诸河	53. Coastal Rivers of East Fujian	15394	1747	1156	269	178
54. 闽南诸河	54. Rivers in South Fujian	33913	1563	902	530	306
九、西南诸河片	IX. Rivers in Southwest	851406	1098	688	9346	5853
55. 藏南诸河	55. Rivers in South Tibet	155778	1689	1253	2631	1952
56. 藏西诸河	56. Rivers in West Tibet	57340	129	35	74	20
十、内陆诸河片	X. Inland Rivers	3321713	154	32	5113	1064
57. 内蒙古内陆河	57. Inland Rivers in Inner Mongolia	308067	254	4	783	12
58. 河西内陆河	58. Inland Rivers in Hexi Corridor Region Basin	488708	123	14	599	69
59. 准噶尔内陆河	59. Inland Rivers in Junggar	316530	168	40	532	125
60. 中亚细亚内陆河	60. Inland Rivers in Central Asia	93130	468	207	436	193
61. 青海内陆河	61. Inland Rivers in Qinghai	319286	138	23	441	72
62. 羌塘内陆河	62. Inland Rivers in Qiangtang	721182	170	34	1226	246

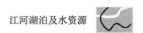

1-16 历 年 水 资 源 量

Water Resources by Year

年份 Year	水资源总量 /亿立方米 Total Available Water Resources /10⁸m³	地表 水资源量 /亿立方米 Surface Water Resources /10⁸m³	地下 水资源量 /亿立方米 Groundwater Resources /10⁸m³	地表水与地下 水资源重复量 /亿立方米 Duplicated Amount of Surface Water and Groundwater /10⁸m³	降水总量 /亿立方米 Total Precipitation /10⁸m³	人均水资源量 /立方米每人 Per Capita Water Resources /(m³/person)
1997	27855	26835	6942	5923	58169	2253
1998	34017	32726	9400	8109	67631	2723
1999	28196	27204	8387	7395	59702	2219
2000	27701	26562	8502	7363	60092	2194
2001	26868	25933	8390	7456	58122	2112
2002	28261	27243	8697	7679	62610	2207
2003	27460	26251	8299	7090	60416	2131
2004	24130	23126	7436	6433	56876	1856
2005	28053	26982	8091	7020	61010	2152
2006	25330	24358	7643	6671	57840	1932
2007	25255	24242	7617	6604	57763	1916
2008	27434	26377	8122	7065	62000	2071
2009	24180	23125	7267	6212	55966	1812
2010	30906	29798	8417	7308	65850	2310
2011	23257	22214	7215	6171	55133	1726
2012	29529	28373	8296	7141	65150	2186
2013	27958	26840	8081	6963	62674	2060
2014	27267	26264	7745	6742		1999

1-17 多年平均水资源量（按地区分）

Mean Annual Water Resources (by Region)

地区 Region		平均年水 资源总量 /亿立方米 Mean Annual Total Available Water Resources $/10^8 m^3$	平均年地表水 资源量 /亿立方米 Mean Annual Surface Water Resources $/10^8 m^3$	平均年地下水 资源量 /亿立方米 Mean Annual Groundwater Resources $/10^8 m^3$	平均年地表水与地下水 资源重复量 /亿立方米 Duplicated Amount of Surface Water and Groundwater $/10^8 m^3$	平均年产 水 模 数 /万立方米每平方千米 Mean Annual Water Generation Model $/(10^4 m^3/km^2)$
全 国	**Total**	**27460.3**	**26478.2**	**8149.0**	**7166.9**	**29.5**
北 京	Beijing	40.8	25.3	26.2	10.7	24.3
天 津	Tianjin	14.6	10.8	5.8	2.0	12.9
河 北	Hebei	236.9	167.0	145.8	75.9	12.6
山 西	Shanxi	143.5	115.0	94.6	66.1	9.2
内蒙古	Inner Mongolia	506.7	371.0	248.3	112.6	4.4
辽 宁	Liaoning	363.2	325.0	105.5	67.3	25.0
吉 林	Jilin	390.0	345.0	110.1	65.1	20.7
黑龙江	Heilongjiang	775.8	647.0	269.3	140.5	16.6
上 海	Shanghai	26.9	18.6	12.0	3.7	43.5
江 苏	Jiangsu	325.4	249.0	115.3	38.9	31.9
浙 江	Zhejiang	897.1	885.0	213.3	201.2	88.1
安 徽	Anhui	676.8	617.0	166.6	106.8	48.5
福 建	Fujian	1168.7	1168.0	306.4	305.7	96.3
江 西	Jiangxi	1422.4	1416.0	322.6	316.2	85.1
山 东	Shandong	335.0	264.0	154.2	83.2	21.9
河 南	Henan	407.7	311.0	198.9	102.2	24.4
湖 北	Hubei	981.2	946.0	291.3	256.1	52.8
湖 南	Hunan	1626.6	1620.0	374.8	368.2	76.8
广 东	Guangdong	2134.1	2111.0	545.9	522.8	100.7
广 西	Guangxi	1880.0	1880.0	397.7	397.7	79.1
四 川	Sichuan	3133.8	3131.0	801.6	798.8	55.2
贵 州	Guizhou	1035.0	1035.0	258.9	258.9	58.8
云 南	Yunnan	2221.0	2221.0	738.0	738.0	57.9
西 藏	Tibet	4482.0	4482.0	1094.3	1094.3	37.3
陕 西	Shaanxi	441.9	420.0	165.1	143.2	21.5
甘 肃	Gansu	274.3	273.0	132.7	131.4	6.9
青 海	Qinghai	626.2	623.0	258.1	254.9	8.7
宁 夏	Ningxia	9.9	8.5	16.2	14.8	1.9
新 疆	Xinjiang	882.8	793.0	579.5	489.7	5.4

注　本表数据来源于《中国水资源评价》。

Source: *China Water Resources Evaluation Report.*

1-18 2014年水资源量（按地区分）

Water Resources in 2014 (by Region)

地区	Region	水资源总量 /亿立方米 Total Available Water Resources /10^8m^3	地表 水资源量 /亿立方米 Surface Water Resources /10^8m^3	地下 水资源量 /亿立方米 Groundwater Resources /10^8m^3	地表水与地下 水资源重复量 /亿立方米 Duplicated Amount of Surface Water and Groundwater /10^8m^3	降水总量 /毫米 Total Precipitation /mm	人均水资源量 /立方米每人 Per Capita Water Resources /(m^3/person)
全 国	**Total**	**27266.9**	**26263.9**	**7745.0**	**6742.0**	**622.3**	**1998.6**
北 京	Beijing	20.3	6.5	16.0	2.2	438.8	95.1
天 津	Tianjin	11.4	8.3	3.7	0.6	423.1	76.1
河 北	Hebei	106.2	46.9	89.3	30.1	408.2	144.3
山 西	Shanxi	111.0	65.2	97.3	51.4	542.9	305.1
内蒙古	Inner Mongolia	537.8	397.6	236.3	96.1	280.0	2149.9
辽 宁	Liaoning	145.9	123.7	82.3	60.1	453.6	332.4
吉 林	Jilin	306.0	251.0	120.2	65.2	518.2	1112.2
黑龙江	Heilongjiang	944.3	814.4	295.4	165.5	563.1	2463.1
上 海	Shanghai	47.1	40.1	10.0	3.0	1342.2	194.8
江 苏	Jiangsu	399.3	296.4	118.9	16.0	1044.5	502.3
浙 江	Zhejiang	1132.1	1118.2	231.8	217.9	1771.7	2057.3
安 徽	Anhui	778.5	712.9	178.9	113.3	1278.5	1285.4
福 建	Fujian	1219.6	1218.4	330.5	329.3	1705.0	3218.0
江 西	Jiangxi	1631.8	1613.3	397.2	378.7	1668.6	3600.6
山 东	Shandong	148.4	76.6	116.9	45.0	518.8	152.1
河 南	Henan	283.4	177.4	166.8	60.9	725.9	300.7
湖 北	Hubei	914.3	885.9	282.0	253.6	1130.7	1574.3
湖 南	Hunan	1799.4	1791.5	434.1	426.2	1503.2	2680.1
广 东	Guangdong	1718.4	1709.0	420.5	411.1	1691.2	1608.4
广 西	Guangxi	1990.9	1989.6	403.0	401.7	1582.8	4203.3
海 南	Hainan	383.5	378.7	96.7	91.9	1993.0	4266.0
重 庆	Chongqing	642.6	642.6	121.8	121.8	1270.0	2155.9
四 川	Sichuan	2557.7	2556.5	606.2	605.1	926.1	3148.5
贵 州	Guizhou	1213.1	1213.1	294.4	294.4	1273.3	3461.1
云 南	Yunnan	1726.6	1726.6	558.4	558.4	1143.4	3673.3
西 藏	Tibet	4416.3	4416.3	985.1	985.1	574.6	140200.0
陕 西	Shaanxi	351.6	325.8	124.1	98.3	703.3	932.8
甘 肃	Gansu	198.4	190.5	112.6	104.7	294.3	767.0
青 海	Qinghai	793.9	776.0	349.4	331.5	349.3	13675.5
宁 夏	Ningxia	10.1	8.2	21.3	19.4	363.9	153.0
新 疆	Xinjiang	726.9	686.6	443.9	403.6	145.6	3186.9

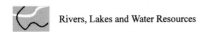

1-19 2014年水资源量（按水资源分区分）
Water Resources in 2014 (by Water Resources Sub-region)

水资源 一级区	Grade-I Water Resources Sub-region	水资源 总量/亿立方米 Total Available Water Resources /10⁸m³	地表水 资源量/亿立方米 Surface Water Resources /10⁸m³	地下水 资源量/亿立方米 Groundwater Resources /10⁸m³	地表水与地下水资 源重复量/亿立方米 Duplicated Amount of Surface Water and Groundwater /10⁸m³	降水总量 /毫米 Total Precipitation /mm
全 国	**Total**	**27266.9**	**26263.9**	**7745.0**	**6742.0**	**622.3**
松花江区	Songhua River	1613.5	1405.5	486.3	278.3	511.9
辽河区	Liaohe River	239.7	167.0	161.8	89.1	425.5
海河区	Haihe River	216.2	98.0	184.5	66.2	427.4
黄河区	Yellow River	653.7	539.0	378.4	263.8	487.4
淮河区	Huaihe River	748.0	510.1	355.9	118.1	784.0
长江区	Yangtze River	10150.3	10020.3	2542.1	2412.1	1100.6
其中：太湖流域	Among Which: Taihu Lake	228.9	204.0	46.4	21.5	1288.3
东南诸河区	Rivers in Southeast	2222.2	2212.4	520.9	511.1	1779.1
珠江区	Pearl River	4786.4	4770.9	1092.6	1077.1	1567.1
西南诸河区	Rivers in Southwest	5449.5	5449.5	1286.9	1286.9	1036.8
西北诸河区	Rivers in Northwest	1187.4	1091.1	735.6	639.3	155.8

江河湖泊及水资源

1-20 2014 年河流水质状况（按水资源分区分）

Water Quality of Rivers of 2014 (by Water Resources Sub-region)

水资源 一级区 Grade-I Water Resources Sub-region		评价河长 /千米 Assessed River Length /km	分类河长占评价河长百分比/% Percentage of Classed River Length to the Total Assessed/%					
			I 类 Class-I	II 类 Class-II	III类 Class-III	IV类 Class-IV	V类 Class-V	劣V类 Inferior to Class-V
全 国	Total	215763	5.9	43.5	23.4	10.8	4.7	11.7
松花江区	Songhua River	15300	0.5	17.6	45.3	23.2	5.0	8.4
辽河区	Liaohe River	4938	1.5	41.6	14.7	17.9	5.1	19.2
海河区	Haihe River	14468	2.6	19.4	13.4	9.7	10.7	44.2
黄河区	Yellow River	19066	5.3	41.6	19.1	8.0	7.1	18.9
淮河区	Huaihe River	23416	0.1	14.1	31.9	26.5	9.6	17.8
长江区	Yangtze River	64553	6.2	46.4	24.9	9.0	3.9	9.6
其中: 太湖流域	Among Which: Taihu Lake	5886		7.3	17.1	29.1	20.4	26.1
东南诸河区	Rivers in Southeast	9616	2.3	53.6	25.0	9.3	7.0	2.8
珠江区	Pearl River	25796	2.3	64.4	19.2	5.2	2.8	6.1
西南诸河区	Rivers in Southwest	18419	2.0	68.0	26.2	2.2	0.2	1.4
西北诸河区	Rivers in Northwest	20191	29.4	53.8	7.6	6.3	0.1	2.8

1-21　2014年全国重点湖泊水质及富营养化状况

Water Quality and Eutrophication Condition of Lakes in 2014

湖泊名称 Lake	所属行政区 Region	总体水质类别 Water Quality	营养状况 Eutrophication Condition
太湖（含五里湖） Taihu Lake(Including Wuli Lake)	江苏、浙江、上海 Jiangsu, Zhejiang, Shanghai	V Class- V	中度富营养 Middleeutropher
白洋淀 Baiyangdian Lake	河北 Hebei	V Class- V	轻度富营养 Lighteutropher
洪泽湖 Hongze Lake	江苏 Jiangsu	III Class-III	轻度富营养 Lighteutropher
查干湖 Chagan Lake	吉林 Jilin	V Class- V	轻度富营养 Lighteutropher
骆马湖 Luoma Lake	江苏 Jiangsu	III Class-III	中营养 Mesotropher
白马湖 Baima Lake	江苏 Jiangsu	IV Class-IV	轻度富营养 Lighteutropher
高邮湖 Gaoyou Lake	江苏 Jiangsu	III Class-III	轻度富营养 Lighteutropher
巢湖 Chaohu Lake	安徽 Anhui	V Class- V	中度富营养 Middleeutropher
鄱阳湖 Poyang Lake	江西 Jiangxi	V Class- V	中营养 Mesotropher
南四湖 Nansihu Lakes	山东、江苏 Shandong, Jiangsu	III Class-III	轻度富营养 Lighteutropher
邵伯湖 Shaobo Lake	江苏 Jiangsu	III Class-III	轻度富营养 Lighteutropher
洪湖 Honghu Lake	湖北 Hubei	IV Class-IV	轻度富营养 Lighteutropher
长湖 Changhu Lake	湖北 Hubei	V Class- V	轻度富营养 Lighteutropher
梁子湖 Liangzi Lake	湖北 Hubei	III Class-III	轻度富营养 Lighteutropher
龙感湖 Longgan Lake	湖北、安徽 Hubei、Anhui	IV Class-IV	轻度富营养 Lighteutropher
洞庭湖 Dongting Lake	湖南 Hunan	IV Class-IV	轻度富营养 Lighteutropher
宝应湖 Baoying Lake	江苏 Jiangsu	IV Class-IV	轻度富营养 Lighteutropher
滆湖 Gehu Lake	江苏 Jiangsu	IV Class-IV	中度富营养 Middleeutropher
石臼湖 Shijiu Lake	江苏、安徽 Jiangsu、Anhui	IV Class-IV	轻度富营养 Lighteutropher
大官湖黄湖 Daguanhuhuanghu Lake	安徽 Anhui	IV Class-IV	轻度富营养 Lighteutropher
升金湖 Shengjin Lake	安徽 Anhui	IV Class-IV	中营养 Mesotropher
菜子湖 Caizi Lake	安徽 Anhui	IV Class-IV	轻度富营养 Lighteutropher
南漪湖 Nanyi Lake	安徽 Anhui	III Class-III	轻度富营养 Lighteutropher

1-21 续表 continued

湖泊名称 Lake	所属行政区 Region	总体水质类别 Water Quality	营养状况 Eutrophication Condition
滇池 Dianchi Lake	云南 Yunnan	V Class-V	中度富营养 Middleeutropher
抚仙湖 Fuxian Lake	云南 Yunnan	II Class-II	中营养 Mesotropher
城西湖 Chengxi Lake	安徽 Anhui	IV Class-IV	中度富营养 Middleeutropher
城东湖 Chengdong Lake	安徽 Anhui	IV Class-IV	轻度富营养 Lighteutropher
女山湖 Nushan Lake	安徽 Anhui	V Class-V	轻度富营养 Lighteutropher
洱海 Erhai Lake	云南 Yunnan	III Class-III	中营养 Mesotropher
纳木错 Namtso Lake	西藏 Tibet	劣V Inferior to Class-V	中营养 Mesotropher
普莫雍错 Pumoyongcuo Lake	西藏 Tibet	III Class-III	中营养 Mesotropher
羊卓雍错 Yamdrok Lake	西藏 Tibet	劣V Inferior to Class-V	中营养 Mesotropher
青海湖 Qinghai Lake	青海 Qinghai	II Class-II	中营养 Mesotropher
瓦埠湖 Wabu Lake	安徽 Anhui	IV Class-IV	轻度富营养 Lighteutropher
乌伦古湖 Wulungu Lake	新疆 Xinjiang	劣V Inferior to Class-V	中度富营养 Middleeutropher
赛里木湖 Sailimu Lake	新疆 Xinjiang	I Class-I	中营养 Mesotropher
博斯腾湖 Bostan Lake	新疆 Xinjiang	III Class-III	中营养 Mesotropher
泊湖 Pohu Lake	安徽 Anhui	III Class-III	中营养 Mesotropher
东平湖 Dongping Lake	山东 Shandong	III Class-III	轻度富营养 Lighteutropher
斧头湖 Futou Lake	湖北 Hubei	III Class-III	中营养 Mesotropher
班公错 Bangongcuo Lake	西藏 Tibet	III Class-III	中营养 Mesotropher
佩枯错 Peikucuo Lake	西藏 Tibet	劣V Inferior to Class-V	中营养 Mesotropher
克鲁克湖 Keluke Lake	青海 Qinghai	II Class-II	中营养 Mesotropher
艾比湖 Aibi Lake	新疆 Xinjiang	劣V Inferior to Class-V	重度富营养 Hypereutropher
金沙滩 Jinshatan Lake	新疆 Xinjiang	III Class-III	轻度富营养 Lighteutropher

主要统计指标解释

地表水资源量 河流、湖泊以及冰川等地表水体中可以逐年更新的动态水量,即天然河川径流量。

地下水资源量 地下饱和含水层逐年更新的动态水量,即降水和地表水入渗对地下水的补给量。

水资源总量 当地降水形成的地表和地下产水总量,即地表径流量与降水入渗补给量之和。

降水量 从天空降落到地面的液态或固态(经融化后)水,未经蒸发、渗透、流失而在地面上积聚的深度。其统计计算方法为:月降水量是将全月各日的降水量累加而得;年降水量是将 12 个月的月降水量累加而得。

径流量 在一定时段内通过河流某一过水断面的水量。计算公式为:径流量=降水量-蒸发量。

内陆水域面积 江、河、湖泊、坑塘、塘堰、水库等各种流水或蓄水的水面占地面积。

流域面积 每条河流都有自己的干流和支流,干支流共同组成这条河流的水系。每条河流都有自己的集水区域,这个集水区域就称为该河流的流域,流域面积是该流域区域的总面积。

水质等级 水质等级根据《地表水环境质量标准》(GB 3838—2002)确定。依据地表水水域环境功能和保护目标,按功能高低依次划分为五类:

Ⅰ类:主要适用于源头水、国家自然保护区;

Ⅱ类:主要适用于集中式生活饮用水地表水源地一级保护区、珍稀水生生物栖息地、鱼虾类产场、仔稚幼鱼的索饵场等;

Ⅲ类:主要适用于集中式生活饮用水地表水源地二级保护区、鱼虾类越冬场、洄游通道、水产养殖区等渔业水域及游泳区;

Ⅳ类:主要适用于一般工业用水区及人体非直接接触的娱乐用水区;

Ⅴ类:主要适用于农业用水区及一般景观要求水域。

Explanatory Notes of Main Statistical Indicators

Surface water resources Dynamic quantity of water that is renewable year by year in surface water bodies such as rivers, lakes or glaciers; it also means the quantity of natural river runoff.

Groundwater resources Quantity of recharge of precipitation and surface water to the saturated rock and clay, including infiltration recharge of precipitation and surface water bodies of river courses, lakes, reservoirs, canal system and irrigation field.

Total Available water resources Total available surface and underground water that is formed by local precipitation, i.e. the sum of surface runoff and underground water infiltrated by precipitation recharge.

Precipitation Accumulative depth of water in liquid or solid (after melting) states from the sky to the ground without evaporation, infiltration and running off. Its calculation methods are as follows: monthly precipitation shall be the total sum of everyday rainfall in a month; annual precipitation shall be the total sum of rainfalls of twelve months.

Amount of runoff Water quantity runs through a water carrying section of a river during a fixed period of time. The calculation formula: runoff = precipitation – evaporation.

Inland water area Total land area occupied by running or stored water, including river, lake, pond, weir or reservoir etc.

Drainage area Each river has its own mainstream and tributaries that jointly form the water system of this river. Each river has its own water catchment area, and this catchment is called the river basin of this river. The area of a river basin is the total area of its catchments.

Classification of water quality Classification of water quality is based on *Environmental quality standards for surface water* (GB 3838-2002). Water quality is classified into five levels in sequence from high to low in line with environment functions and aims of protection of the surface water bodies.

Class-I water can be used as source of drinking water and national nature reserve.

Class-II water can be used as grade-I surface water source for centralized domestic drinking water supply, habitat of rare and endemic aquatic life, spawning ground for fish and shrimp, and feeding ground of juvenile and young fish.

Class-III water can be used as grade-II surface water source for centralized domestic drinking water supply, wintering or migratory passage of fish and shrimp, water bodies used for fishery such as aquiculture and swimming.

Class-IV water can be used for industries and recreation without direct contact with human bodies.

Class-V water can be used for irrigation and landscape watering.

2 江河治理

River Regulation

简 要 说 明

江河治理统计资料主要包括水库数量、水库总库容、堤防长度与等级划分、水闸数量与类型、除涝面积以及除涝标准。

江河治理资料按水资源一级分区和地区分组。水库、堤防、水闸、除涝等历史数据汇总 1974 年至今的数据。

1. 水库统计范围为已建成水库，包括水利、电力、城建等部门建设的水库。因 2007 年湖南省对小型水库数量进行调减，因此对 2000—2006 年水库数量与库容进行相应调减。

2. 堤防统计范围为已建成或基本建成的河堤、湖堤、海堤、江堤、分洪区和行洪区围堤等各种堤防，生产堤、渠堤、排涝堤不做统计。本年鉴堤防长度为五级及以上堤防长度。

3. 水闸统计范围为江河、湖泊上的防洪、分洪、节制、挡潮、排涝、引水灌溉等各种类型水闸，水库枢纽等建筑物上的水闸不包括在内。水闸流量不够 10 立方米每秒，不做统计。2012 年始，水闸数量统计口径为水闸流量达到 5 立方米每秒。

4. 洪灾、旱灾及防治状况历史资料汇总 1949 年以来的数据，按地区整理。

5. 2012 年，水库、堤防、水闸相关指标已与 2011 年水利普查数据进行了衔接。

Brief Introduction

Statistical data of rivers regulation mainly includes number of reservoirs, total storage capacity, embankment length and grade division, number and types of sluices and gates, drainage area and standard.

The data of river regulation is divided into groups in accordance with regions and basins. Historical data of reservoirs, embankments, water gates, waterlogging prevention areas is collected from 1974 until present.

1. The statistical data of reservoirs also covers reservoirs built by department of electricity or urban construction despite of water department. Due to the reduction for the number of small reservoirs of Hunan Province in 2007, the number of reservoirs and storage capacity in 2000-2006 were reduced accordingly.

2. The statistical scope of embankment covers various types such as river embankment and levee, lake embankment, sea dyke, embankment for flood retention and discharge basins, excluding embankment for production, canal and drainage purposes. The data of the length of embankment and dyke is about from Grade-I to Grade-V.

3. The statistical scope of sluice and gate covers various types of sluices and gates on rivers or lakes, such as those for flood control and flood diversion, control gate and tidal gate, and gate for drainage and irrigation. The gates built on the reservoirs are not included. The gates with a flow lower than 10 m^3/s are not included. Since 2012, only the gates with a flow higher than 5 m^3/s are included.

4. Historical data of flood and drought disasters, and summary of prevention and control status are collected from 1949 until present and classified according to regions.

5. The data of reservoir, embankment and sluice and gate in 2012 is integrated with the First National Census for Water in 2011.

2-1 主 要 指 标
Key Indicators

指标名称 Item	单位	unit	2007	2008	2009	2010	2011	2012	2013	2014
水库 Reservoir	座	unit	85412	86353	87151	87873	88605	97543	97721	97735
总库容 Total Storage	亿立方米	10^8m^3	6345	6924	7064	7162	7201	8255	8298	8394
大型 Large Reservoir	座	unit	493	529	544	552	567	683	687	697
总库容 Total Storage	亿立方米	10^8m^3	4836	5386	5506	5594	5602	6493	6529	6617
中型 Medium Reservoir	座	unit	3110	3181	3259	3269	3346	3758	3774	3799
总库容 Total Storage	亿立方米	10^8m^3	883	910	921	930	954	1064	1070	1075
小型 Small Reservoir	座	unit	81809	82643	83348	84052	84692	93102	93260	93239
总库容 Total Storage	亿立方米	10^8m^3	625	628	636	638	645	698	700	702
堤防 Embankment and Dyke	千米	km	283770	286896	291420	294104	299911	271661	276823	284425
保护耕地面积 Protected Cultivated Area	千公顷	10^3ha	45518	45712	46547	46831	42625	42597	42573	42794
保护人口 Protected Population	万人	$10^4persons$	56487	57289	58978	59853	57216	56566	57138	58584
水闸 Water Gate	座	unit	41110	43829	42523	43300	44306	97256	98192	98686
大型 Large Gate	座	unit	438	504	565	567	599	862	870	875
中型 Medium Gate	座	unit	3531	4182	4661	4692	4767	6308	6336	6360
小型 Small Gate	座	unit	37141	39143	37297	38041	38942	90086	90986	91451
除涝面积 Drainage Area	千公顷	10^3ha	21419	21425	21584	21692	21722	21857	21943	22369

2-2 历年已建成水库数量、库容和耕地灌溉面积

Number, Storage Capacity and Effective Irrigated Area of Completed Reservoirs by Year

年份 Year	已建成水库 Completed Reservoirs			大 型 水 库 Large Reservoir			中 型 水 库 Medium Reservoir			小 型 水 库 Small Reservoir		
	座数 /座 Number /unit	总库容 /亿立方米 Total Storage Capacity $/10^8 m^3$	耕地灌 溉面积 /千公顷 Effective Irrigated Area $/10^3 ha$	座数 /座 Number /unit	总库容 /亿立方米 Total Storage Capacity $/10^8 m^3$	耕地灌 溉面积 /千公顷 Effective Irrigated Area $/10^3 ha$	座数 /座 Number /unit	总库容 /亿立方米 Total Storage Capacity $/10^8 m^3$	耕地灌 溉面积 /千公顷 Effective Irrigated Area $/10^3 ha$	座数 /座 Number /unit	总库容 /亿立方米 Total Storage Capacity $/10^8 m^3$	耕地灌 溉面积 /千公顷 Effective Irrigated Area $/10^3 ha$
1976	78473	3688	16007	304	2879	7055	2057	331	3810	76112	478	5155
1977	81501	3948	16210	308	2887	7115	2129	558	3895	79064	503	5199
1978	84585	4012	16418	311	2896	7075	2205	585	4058	82069	531	5285
1979	86132	4081	16806	319	2945	7159	2252	593	4164	83561	543	5483
1980	86822	4130	15989	326	2975	6255	2298	605	4213	84198	550	5522
1981	86881	4169	15806	328	2989	6080	2333	622	4253	84220	558	5473
1982	86900	4188	15943	331	2994	6217	2353	632	4318	84216	562	5408
1983	86567	4208	15671	335	3007	6081	2367	640	4251	83865	561	5339
1984	84998	4292	15833	338	3068	6280	2387	658	4232	82273	566	5321
1985	83219	4301	15760	340	3076	6407	2401	661	4206	80478	564	5147
1986	82716	4432	15749	350	3199	6408	2115	666	4189	79951	567	5153
1987	82870	4475	15902	353	3233	6449	2428	672	4257	80089	570	5196
1988	82937	4504	15801	355	3252	6399	2462	681	4201	80120	571	5201
1989	82848	4617	15826	358	3357	6409	2480	688	4254	80010	572	5163
1990	83387	4660	15809	366	3397	6431	2499	690	4205	80522	573	5173
1991	83799	4678		367	3400		2524	698		80908	579	
1992	84130	4688		369	3407		2538	700		81223	580	
1993	84614	4717		374	3425		2562	707		81678	583	
1994	84558	4751		381	3456		2572	713		81605	582	
1995	84775	4797		387	3493		2593	719		81795	585	
1996	84905	4571		394	3260		2618	724		81893	587	
1997	84837	4583		397	3267		2634	729		81806	587	
1998	84944	4930		403	3595		2653	736		81888	598	
1999	85119	4499		400	3164		2681	743		82039	593	
2000	83260	5183		420	3843		2704	746		80136	593	
2001	83542	5280		433	3927		2736	758		80373	595	
2002	83960	5594		445	4230		2781	768		80734	596	
2003	84091	5657		453	4279		2827	783		80811	596	
2004	84363	5541		460	4147		2869	796		81034	598	
2005	84577	5623		470	4197		2934	826		81173	601	
2006	85249	5841		482	4379		3000	852		81767	610	
2007	85412	6345		493	4836		3110	883		81809	625	
2008	86353	6924		529	5386		3181	910		82643	628	
2009	87151	7064		544	5506		3259	921		83348	636	
2010	87873	7162		552	5594		3269	930		84052	638	
2011	88605	7201		567	5602		3346	954		84692	645	
2012	97543	8255		683	6493		3758	1064		93102	698	
2013	97721	8298		687	6529		3774	1070		93260	700	
2014	97735	8394		697	6617		3799	1075		93239	702	

2-3 2014 年已建成水库数量和库容（按地区分）

Number and Storage Capacity of Completed Reservoirs in 2014 (by Region)

地区 Region		已建成水库 Completed Reservoirs		大 型 水 库 Large Reservoir		中 型 水 库 Medium Reservoir		小 型 水 库 Small Reservoir	
		座数 /座 Number /unit	总库容 /亿立方米 Total Storage Capacity /10^{8}m^3	座数 /座 Number /unit	总库容 /亿立方米 Total Storage Capacity /10^{8}m^3	座数 /座 Number /unit	总库容 /亿立方米 Total Storage Capacity /10^{8}m^3	座数 /座 Number /unit	总库容 /亿立方米 Total Storage Capacity /10^{8}m^3
合 计	Total	97735	8394	697	6617	3799	1075	93239	702
北 京	Beijing	86	52	3	46	17	5	66	1
天 津	Tianjin	28	27	3	22	11	4	14	1
河 北	Hebei	1078	206	23	182	47	17	1008	7
山 西	Shanxi	604	69	12	40	68	20	524	9
内蒙古	Inner Mongolia	589	103	15	63	89	30	485	10
辽 宁	Liaoning	833	367	34	335	76	22	723	10
吉 林	Jilin	1626	334	19	290	102	31	1505	13
黑龙江	Heilongjiang	1139	268	28	219	97	31	1014	18
上 海	Shanghai								
江 苏	Jiangsu	1079	34	6	12	46	12	1027	10
浙 江	Zhejiang	4336	444	33	370	156	45	4147	29
安 徽	Anhui	5833	323	16	263	111	30	5706	30
福 建	Fujian	3650	200	21	123	183	49	3446	28
江 西	Jiangxi	10806	304	28	176	258	62	10520	66
山 东	Shandong	6453	219	37	130	204	52	6212	36
河 南	Henan	2662	418	25	364	121	35	2516	19
湖 北	Hubei	6546	1253	77	1126	282	79	6187	48
湖 南	Hunan	14094	497	43	335	355	92	13696	70
广 东	Guangdong	8403	448	37	289	342	94	8024	65
广 西	Guangxi	4545	677	57	558	228	70	4260	49
海 南	Hainan	1111	106	9	71	74	22	1028	13
重 庆	Chongqing	2994	117	17	75	91	23	2886	19
四 川	Sichuan	8086	364	34	263	194	56	7858	46
贵 州	Guizhou	2314	435	22	384	92	28	2200	22
云 南	Yunnan	6101	375	32	274	248	63	5821	39
西 藏	Tibet	102	34	7	29	11	4	84	1
陕 西	Shaanxi	1092	89	11	50	75	27	1006	12
甘 肃	Gansu	382	106	9	84	42	15	331	7
青 海	Qinghai	200	315	9	309	14	2	177	3
宁 夏	Ningxia	311	27	1	7	32	12	278	8
新 疆	Xinjiang	652	183	29	127	133	43	490	12

2-4　2014 年已建成水库数量和库容（按水资源分区分）

Number and Storage Capacity of Completed Reservoirs in 2014
(by Water Resources Sub-region)

水资源 一级区	Grade- I Water Resources Sub-region	已建成水库 Completed Reservoirs		大 型 水 库 Large Reservoir		中 型 水 库 Medium Reservoir		小 型 水 库 Small Reservoir	
		座数 /座 Number /unit	总库容 /亿立方米 Total Storage Capacity /10⁸m³	座数 /座 Number /unit	总库容 /亿立方米 Total Storage Capacity /10⁸m³	座数 /座 Number /unit	总库容 /亿立方米 Total Storage Capacity /10⁸m³	座数 /座 Number /unit	总库容 /亿立方米 Total Storage Capacity /10⁸m³
合　计	**Total**	**97735**	**8394**	**697**	**6617**	**3799**	**1075**	**93239**	**702**
松花江区	Songhua River	2735	572	49	472	200	69	2486	31
辽河区	Liaohe River	1129	478	44	432	120	32	965	14
海河区	Haihe River	1955	357	36	287	159	51	1760	19
黄河区	Yellow River	3139	822	36	706	217	73	2886	43
淮河区	Huaihe River	9655	546	58	397	291	87	9306	62
长江区	Yangtze River	52317	3104	255	2391	1485	400	50577	314
东南诸河区	Rivers in Southeast	7254	620	46	480	323	86	6885	54
珠江区	Pearl River	16213	1403	111	1067	716	201	15386	135
西南诸河区	Rivers in Southwest	2397	288	28	251	119	23	2250	14
西北诸河区	Rivers in Northwest	941	203	34	134	169	53	738	16

2-5　2014 年已建成水库数量和库容（按水资源分区和地区分）

Number and Storage Capacity of Completed Reservoirs in 2014
(by Water Resources Sub-region and Region)

地区	Region	已建成水库 Completed Reservoirs 座数 /座 Number /unit	总库容 /亿立方米 Total Storage Capacity /10⁸m³	大型水库 Large Reservoir 座数 /座 Number /unit	总库容 /亿立方米 Total Storage Capacity /10⁸m³	中型水库 Medium Reservoir 座数 /座 Number /unit	总库容 /亿立方米 Total Storage Capacity /10⁸m³	小型水库 Small Reservoir 座数 /座 Number /unit	总库容 /亿立方米 Total Storage Capacity /10⁸m³
松花江区	**Songhua River**	**2735**	**572**	**10**		**39**	**472**	**200**	**69**
内蒙古	Inner Mongolia	64	32	1		2	21	14	10
吉 林	Jilin	1532	272	6		12	232	89	28
黑龙江	Heilongjiang	1139	268	3		25	219	97	31
辽河区	**Liaohe River**	**1129**	**478**	**6**		**38**	**432**	**120**	**32**
内蒙古	Inner Mongolia	210	49	1		8	39	31	7
辽 宁	Liaoning	825	367	5		29	335	76	22
吉 林	Jilin	94	62			1	58	13	3
海河区	**Haihe River**	**1955**	**357**	**9**		**27**	**287**	**159**	**51**
北 京	Beijing	86	52	1		2	46	17	5
天 津	Tianjin	28	27	1		2	22	11	4
河 北	Hebei	1078	206	7		16	182	47	17
山 西	Shanxi	248	48			4	29	34	13
内蒙古	Inner Mongolia	33	2			1	1	6	1
辽 宁	Liaoning	8							
山 东	Shandong	234	9					26	5
河 南	Henan	240	14			2	7	18	6
黄河区	**Yellow River**	**3139**	**822**	**9**		**27**	**706**	**217**	**73**
山 西	Shanxi	356	21			8	11	34	7
内蒙古	Inner Mongolia	203	17			1	1	26	11
山 东	Shandong	967	54	1		2	43	23	6
河 南	Henan	406	264	4		2	251	19	7
陕 西	Shaanxi	559	42			5	11	57	22
甘 肃	Gansu	167	84	1		3	74	16	6
青 海	Qinghai	170	313	3		5	308	10	2
宁 夏	Ningxia	311	27			1	7	32	12
淮河区	**Huaihe River**	**9655**	**546**	**6**		**52**	**397**	**291**	**87**
江 苏	Jiangsu	499	23			3	9	19	8
安 徽	Anhui	2362	234	3		4	196	59	21
山 东	Shandong	5252	156	1		33	87	155	41
河 南	Henan	1542	133	2		12	105	58	17

2-5　续表　continued

地区 Region		已建成水库 Completed Reservoirs		大 型 水 库 Large Reservoir		中 型 水 库 Medium Reservoir		小 型 水 库 Small Reservoir	
		座数 /座 Number /unit	总库容 /亿立方米 Total Storage Capacity /10^{8}m^3	座数 /座 Number /unit	总库容 /亿立方米 Total Storage Capacity /10^{8}m^3	座数 /座 Number /unit	总库容 /亿立方米 Total Storage Capacity /10^{8}m^3	座数 /座 Number /unit	总库容 /亿立方米 Total Storage Capacity /10^{8}m^3
长江区	**Yangtze River**	**52317**	**3104**	**40**		**215**	**2391**	**1485**	**400**
上海	Shanghai								
江苏	Jiangsu	580	11			3	3	27	4
浙江	Zhejiang	732	24	1		7	13	16	8
安徽	Anhui	3471	89	2		7	67	52	9
江西	Jiangxi	10806	304	3		25	176	258	62
河南	Henan	474	7	1		2	1	26	5
湖北	Hubei	6546	1253	10		67	1126	282	79
湖南	Hunan	13877	492	7		36	335	350	89
广西	Guangxi	129	23			1	10	13	8
重庆	Chongqing	2994	117	3		14	75	91	23
四川	Sichuan	8086	364	6		28	263	194	56
贵州	Guizhou	1832	280	6		11	238	72	24
云南	Yunnan	2223	86			7	40	80	27
陕西	Shaanxi	533	47	1		5	39	18	5
甘肃	Gansu	30	6			2	5	5	1
青海	Qinghai	4						1	
东南诸河区	**Rivers in Southeast**	**7254**	**620**	**7**		**39**	**480**	**323**	**86**
浙江	Zhejiang	3604	420	4		21	357	140	37
安徽	Anhui								
福建	Fujian	3650	200	3		18	123	183	49
珠江区	**Pearl River**	**16213**	**1403**	**19**		**92**	**1067**	**716**	**201**
湖南	Hunan	217	5					5	3
广东	Guangdong	8403	448	7		30	289	342	94
广西	Guangxi	4416	654	8		48	548	215	62
海南	Hainan	1111	106	2		7	71	74	22
贵州	Guizhou	482	154	2		3	146	20	4
云南	Yunnan	1584	35			4	12	60	16
西南诸河区	**Rivers in Southwest**	**2397**	**288**	**4**		**24**	**251**	**119**	**23**
云南	Yunnan	2294	254	3		18	222	108	19
西藏	Tibet	102	34	1		6	29	11	4
青海	Qinghai	1							
西北诸河区	**Rivers in Northwest**	**941**	**203**	**3**		**31**	**134**	**169**	**53**
内蒙古	Inner Mongolia	79	3		.	1	1	12	1
甘肃	Gansu	185	16			3	5	21	8
青海	Qinghai	25	1			1	1	3	
新疆	Xinjiang	652	183	3		26	127	133	43

2-6　历年堤防长度、保护耕地、保护人口和达标长度

Length of Embankment and Dyke, Protected Farmland and Population, Length of Up-to-standard Embankment and Dyke by Year

年份 Year	长度/千米 Length /km	保护耕地/千公顷 Protected Farmland /10³ha	保护人口/万人 Protected Population /10⁴ persons	累计达标堤防长度/千米 Accumulated Up-to-standard Embankment and Dyke /km	#1级、2级堤防 Grade-Ⅰ and Grade-Ⅱ Embankment and Dyke	新增达标堤防长度/千米 Newly-increased Up-to-standard Embankment and Dyke /km	主要堤防 Key Embankment & Dyke 长度/千米 Length /km	保护面积/千公顷 Protected Farmland /10³ha	一般堤防 General Embankment & Dyke 长度/千米 Length /km	保护面积/千公顷 Protected Farmland /10³ha
1976	158285	32204					46370	22521	111915	9683
1977	165774	32197					43110	20990	122664	11207
1978	164585	31924					44024	21235	120561	10689
1979	168276	32086					43349	20374	124927	11712
1980	170645	33621					43257	22363	127388	11258
1981	170644	33621					43256	22363	127388	11258
1982	170645	33621					43256	22363	127389	11258
1983	175499	33882					46125	22335	129374	11547
1984	178958	35459					53046	22912	125912	12547
1985	177048	31060					53739	20714	123309	10346
1986	185045	31665					55706	21279	129339	10387
1987	200175	32205					56067	21131	144108	11073
1988	203709	32330					56267	21115	147442	11215
1989	216979	31966					56634	20785	160345	11180
1990	225770	31616					57499	20954	168271	10661
1991	237746	29507					59536	18257	178210	11251
1992	242246	29565					60112	18521	182134	11044
1993	245130	30885					61140	18639	183990	12246
1994	245876	30246					61803	18337	184073	11910
1995	246680	30609					63423	18777	183257	11833
1996	248243	32686					64706	21638	183537	11048
1997	250815	40476					65729	26982	185086	13493
1998	258600	36289					69879	24840	188721	11449
1999	266278	38575					74021	26014	192257	12561
2000	270364	39595	46586				76769	27458	193595	12137
2001	273401	40671	47939	76532	15875	8369				
2002	273786	42862	50049	82395	21181	11426				
2003	275171	43875	51304	88030	22854	5634				
2004	277305	43934	53065	94634	22679	6647				
2005	277450	44121	54174	98147	23240	3856				
2006	280850	45486	55403	106334	23609	5883				
2007	283770	45518	56487	109349	24347	4243				
2008	286896	45712	57289	112837	25309	5115				
2009	291420	46547	58978	116739	26256	4515				
2010	294104	46831	59853	121440	27865	4697				
2011	299911	42625	57216	128557	28419	7413				
2012	271661	42597	56566	177490	27949	11080				
2013	276823	42573	57138	179763	29452	9170				
2014	284425	42794	58584	188681	30382	9098				

2-7 2014年堤防长度、保护耕地、保护人口和达标长度（按地区分）

Length of Embankment and Dyke, Protected Farmland and Population, Length of Up-to-standard Embankment and Dyke in 2014 (by Region)

地区 Region	长度/千米 Length /km	保护耕地/千公顷 Protected Farmland /10³ha	保护人口/万人 Protected Population /10⁴persons	累计达标堤防长度/千米 Accumulated Length of Up-to-standard Embankment and Dyke /km	#1级、2级堤防 Grade-Ⅰ and Grade-Ⅱ Embankment and Dyke	新增达标堤防长度/千米 Newly-increased Length of Up-to-standard Embankment and Dyke /km
合 计 Total	284425	42794	58584	188681	30382	9098
北 京 Beijing	1467	220	399	1353	515	47
天 津 Tianjin	2163	376	1204	947	748	156
河 北 Hebei	10039	5911	5906	4534	1540	91
山 西 Shanxi	6273	572	948	4693	498	157
内蒙古 Inner Mongolia	5894	1572	1138	4216	1079	260
辽 宁 Liaoning	11913	1385	1873	10005	2327	381
吉 林 Jilin	6990	2495	934	3898	1301	220
黑龙江 Heilongjiang	12861	3618	1558	4843	807	361
上 海 Shanghai	1955	184	820	1805	884	92
江 苏 Jiangsu	49884	2767	4814	39941	4650	772
浙 江 Zhejiang	18012	1314	3485	14669	1007	519
安 徽 Anhui	21197	2780	3539	12923	2747	285
福 建 Fujian	4237	602	1485	3318	223	251
江 西 Jiangxi	7161	981	1747	3642	323	153
山 东 Shandong	22505	4028	4457	16810	3748	466
河 南 Henan	15405	3482	4561	10398	1387	101
湖 北 Hubei	17701	2864	3551	4720	1327	156
湖 南 Hunan	12185	1642	2072	3873	1071	149
广 东 Guangdong	21306	1107	5297	11890	2189	198
广 西 Guangxi	2289	249	997	1432	119	162
海 南 Hainan	632	110	316	448	36	10
重 庆 Chongqing	1650	117	668	1549	54	303
四 川 Sichuan	4849	760	2148	4335	173	531
贵 州 Guizhou	2383	284	678	2306	157	264
云 南 Yunnan	5742	470	879	4745	81	767
西 藏 Tibet	1325	7	15	1310	112	366
陕 西 Shaanxi	4759	590	1040	3883	750	414
甘 肃 Gansu	5758	374	816	5078	254	832
青 海 Qinghai	1150	53	110	1072	149	136
宁 夏 Ningxia	875	147	169	803		46
新 疆 Xinjiang	3865	1730	960	3242	124	455

2-8　2014 年堤防长度、保护耕地、保护人口和达标长度
（按水资源分区分）

Length of Embankment and Dyke, Protected Farmland and Population, Length of Up-to-standard Embankment and Dyke in 2014
(by Water Resources Sub-region)

水资源一级区	Grade-Ⅰ Water Resources Sub-region	长度/千米 Length /km	保护耕地/千公顷 Protected Farmland /10³ha	保护人口/万人 Protected Population /10⁴ persons	累计达标堤防长度/千米 Accumulated Length of Up-to-standard Embankment and Dyke /km	#1级、2级堤防 Grade-Ⅰ and Grade-Ⅱ Embankment and Dyke	新增达标堤防长度/千米 Newly-increased Length of Up-to-standard Embankment and Dyke /km
合　计	Total	284425	42794	58584	188681	30381	9098
松花江区	Songhua River	20641	5770	2724	9757	2284	619
辽河区	Liaohe River	14632	2493	2328	11457	2698	510
海河区	Haihe River	22560	8165	9342	12933	4485	676
黄河区	Yellow River	17331	2518	3282	14362	2647	1078
淮河区	Huaihe River	70770	8986	10964	53147	7193	498
长江区	Yangtze River	89015	9624	17351	52597	7770	2997
东南诸河区	Rivers in Southeast	13308	1419	3942	10385	621	568
珠江区	Pearl River	26761	1626	6987	15882	2362	630
西南诸河区	Rivers in Southwest	3780	247	402	3509	112	779
西北诸河区	Rivers in Northwest	5627	1945	1261	4653	209	744

2-9 2014年堤防长度、保护耕地、保护人口和达标长度
（按水资源分区和地区分）

Length of Embankment and Dyke, Protected Farmland and Population,
Length of Up-to-standard Embankment and Dyke in 2014
(by Water Resources Sub-region and Region)

地区 Region		长度 /千米 Length /km	保护耕地 /千公顷 Protected Farmland /10³ha	保护人口 /万人 Protected Population /10⁴persons	累计达标 堤防长度 /千米 Accumulated Length of Up-to-standard Embankment and Dyke /km	#1级、2级 堤防 Grade-I and Grade-II Embankment and Dyke	新增达标 堤防长度 /千米 Newly-increased Length of Up-to-standard Embankment and Dyke /km
松花江区	**Songhua River**	**20641**	**5770**	**2724**	**9757**	**2284**	**681**
内蒙古	Inner Mongolia	1285	360	362	1269	188	6
吉林	Jilin	6495	1792	804	3644	1289	96
黑龙江	Heilongjiang	12861	3618	1558	4843	807	579
辽河区	**Liaohe River**	**14632**	**2493**	**2328**	**11457**	**2698**	**242**
内蒙古	Inner Mongolia	2313	406	330	1316	362	86
辽宁	Liaoning	11825	1385	1868	9887	2324	150
吉林	Jilin	495	702	130	254	12	6
海河区	**Haihe River**	**22560**	**8165**	**9342**	**12933**	**4485**	**423**
北京	Beijing	1467	220	399	1353	515	13
天津	Tianjin	2163	376	1204	947	748	114
河北	Hebei	10039	5911	5906	4534	1540	98
山西	Shanxi	2033	185	278	1390	213	71
内蒙古	Inner Mongolia	98	3	36	96		48
辽宁	Liaoning	89	1	5	118	3	
山东	Shandong	5621	1130	1062	3903	1263	69
河南	Henan	1050	339	453	593	203	10
黄河区	**Yellow River**	**17331**	**2518**	**3282**	**14362**	**2647**	**1775**
山西	Shanxi	4240	388	670	3303	285	159
内蒙古	Inner Mongolia	1910	793	368	1309	530	83
山东	Shandong	872	162	190	618	39	36
河南	Henan	2469	420	586	2144	805	69
陕西	Shaanxi	2894	427	770	2361	688	409
甘肃	Gansu	3223	159	460	2994	160	749
青海	Qinghai	848	22	69	829	140	220
宁夏	Ningxia	875	147	169	803		51
淮河区	**Huaihe River**	**70770**	**8986**	**10964**	**53147**	**7193**	**924**
江苏	Jiangsu	33811	1792	2389	26129	2642	347
安徽	Anhui	9929	1985	2183	7742	1726	42
山东	Shandong	16012	2736	3205	12289	2446	253
河南	Henan	11018	2473	3187	6987	379	282

2-9 续表 continued

地区	Region	长度 /千米 Length /km	保护耕地 /千公顷 Protected Farmland /10³ha	保护人口 /万人 Protected Population /10⁴persons	累计达标 堤防长度 /千米 Accumulated Length Up-to-standard Embankment and Dyke /km	#1级、2级 堤防 Grade-I and Grade-II Embankment and Dyke	新增达标 堤防长度 /千米 Newly-increased Length of Up-to-standard Embankment and Dyke /km
长江区	**Yangtze River**	**89015**	**9624**	**17351**	**52597**	**7770**	**2997**
上海	Shanghai	1955	184	820	1805	884	92
江苏	Jiangsu	16073	975	2424	13813	2008	466
浙江	Zhejiang	8941	494	1016	7542	609	198
安徽	Anhui	11268	795	1356	5181	1021	225
江西	Jiangxi	7161	981	1747	3642	323	153
河南	Henan	868	250	336	673		21
湖北	Hubei	17701	2864	3551	4720	1327	156
湖南	Hunan	12064	1630	2032	3762	1071	142
广西	Guangxi	50	22	46	38		5
重庆	Chongqing	1650	117	668	1549	54	303
四川	Sichuan	4849	760	2148	4335	173	531
贵州	Guizhou	1629	227	552	1511	145	189
云南	Yunnan	1596	119	249	1379	76	174
陕西	Shaanxi	1864	163	270	1522	62	216
甘肃	Gansu	1304	41	132	1084	18	127
青海	Qinghai	40		4	40		
东南诸河区	**Rivers in Southeast**	**13308**	**1419**	**3942**	**10385**	**621**	**568**
浙江	Zhejiang	9071	820	2470	7126	398	320
安徽	Anhui						
福建	Fujian	4237	599	1473	3259	223	247
珠江区	**Pearl River**	**26761**	**1626**	**6987**	**15882**	**2362**	**630**
湖南	Hunan	121	12	40	112		7
广东	Guangdong	21306	1107	5297	11890	2189	198
广西	Guangxi	2240	227	951	1393	119	157
海南	Hainan	632	110	316	448	36	10
贵州	Guizhou	754	57	126	795	12	75
云南	Yunnan	1709	111	245	1185	5	180
西南诸河区	**Rivers in Southwest**	**3780**	**247**	**402**	**3509**	**112**	**779**
云南	Yunnan	2437	240	385	2181		413
西藏	Tibet	1325	7	15	1310	112	366
青海	Qinghai	18		2	18		
西北诸河区	**Rivers in Northwest**	**5627**	**1945**	**1261**	**4653**	**209**	**744**
内蒙古	Inner Mongolia	287	11	42	225		31
甘肃	Gansu	1231	173	225	1000	77	240
青海	Qinghai	244	31	35	185	9	18
新疆	Xinjiang	3865	1730	960	3242	123	455

2-10 历 年 水 闸 数 量

Number of Water Gates by Year

单位：座   unit: unit

年份 Year	合计 Total	按过闸流量大小分 Classified According to Flow			按作用分 Classified According to Functions				
		大型 Large Gate	中型 Medium Gate	小型 Small Gate	分洪闸 Flood Diversion Gate	节制闸 Control Gate	排水闸 Drainage Gate	引水闸 Water Diversion Gate	挡潮闸 Tide Gate
1976	23036	249	1513	21274					
1977	27073	256	1607	25210					
1978	25909	266	1732	23911					
1979	25694	241	1802	23651					
1980	26656	250	1783	24623					
1981	26834	252	1837	24745					
1982	24906	253	1949	22704					
1983	24980	263	1912	22805					
1984	24862	290	1941	22631					
1985	24816	294	1957	22565					
1986	25315	299	2032	22984					
1987	26131	299	2060	23772					
1988	26319	300	2060	23959					
1989	26739	308	2086	24345					
1990	27649	316	2126	25207					
1991	29390	320	2228	26842					
1992	30571	322	2296	27953					
1993	30730	325	2676	27729					
1994	31097	320	2740	28037					
1995	31434	333	2794	28307					
1996	31427	333	2821	28273					
1997	31697	340	2836	28521					
1998	31742	353	2910	28479					
1999	32918	359	3025	29534					
2000	33702	402	3115	30185					
2001	36875	410							
2002	39144	431							
2003	39834	416							
2004	39313	413							
2005	39839	405							
2006	41209	426	3495	37288					
2007	41110	438	3531	37141	2656	11663	14288	7562	4941
2008	41626	504	4182	36940	2647	11904	14381	7686	5008
2009	42523	565	4661	37297	2672	12824	14488	7895	4644
2010	43300	567	4692	38041	2797	12951	14676	8182	4694
2011	44306	599	4767	38940	2878	13313	14937	8427	4751
2012	97256	862	6308	90086	7962	55297	17229	10955	5813
2013	98192	870	6336	90986	7985	55758	17509	11106	5834
2014	98686	875	6360	91451	7993	56157	17581	11124	5831

2-11 2014年水闸数量（按地区分）

Number of Water Gates in 2014 (by Region)

单位：座 　　　　　　　　　　　　　　　　　　　　　　　　　　　　　　　　　　　　　unit: unit

地区	Region	合计 Total	按过闸流量大小分 Classified According to Flow			按作用分 Classified According to Functions				
			大型 Large Gate	中型 Medium Gate	小型 Small Gate	分洪闸 Flood Diversion Gate	节制闸 Control Gate	排水闸 Drainage Gate	引水闸 Water Diversion Gate	挡潮闸 Tide Gate
合 计	**Total**	**98686**	**875**	**6360**	**91451**	**7993**	**56157**	**17581**	**11124**	**5831**
北 京	Beijing	642	10	60	572	43	412	104	83	
天 津	Tianjin	1085	13	55	1017	53	488	245	287	12
河 北	Hebei	3082	10	247	2825	257	1755	548	484	38
山 西	Shanxi	731	3	54	674	66	444	93	128	
内蒙古	Inner Mongolia	1742	7	97	1638	269	943	55	475	
辽 宁	Liaoning	1457	38	301	1118	101	732	265	293	66
吉 林	Jilin	466	22	62	382	61	223	92	90	
黑龙江	Heilongjiang	1265	6	67	1192	244	369	377	275	
上 海	Shanghai	2179		63	2116		1821	1	11	346
江 苏	Jiangsu	18480	36	460	17984	303	15061	1452	1394	270
浙 江	Zhejiang	8844	18	317	8509	258	5283	1395	216	1692
安 徽	Anhui	4103	58	342	3703	557	1739	1437	367	3
福 建	Fujian	2385	47	258	2080	425	469	645	113	733
江 西	Jiangxi	4462	25	234	4203	949	1765	1189	559	
山 东	Shandong	5192	88	593	4511	285	2999	939	888	81
河 南	Henan	3602	39	325	3238	166	1638	1247	551	
湖 北	Hubei	6778	22	154	6602	644	2916	1895	1323	
湖 南	Hunan	12001	151	1121	10729	1011	9190	937	863	
广 东	Guangdong	8311	144	726	7441	821	1481	3447	389	2173
广 西	Guangxi	1552	49	144	1359	243	276	512	170	351
海 南	Hainan	413	3	23	387	71	187	25	64	66
重 庆	Chongqing	32	2	18	12	3	14		15	
四 川	Sichuan	1306	47	101	1158	364	657	56	229	
贵 州	Guizhou	29	1	2	26	2	1	19	7	
云 南	Yunnan	1559	4	182	1373	103	1252	67	137	
西 藏	Tibet	15		2	13		13		2	
陕 西	Shaanxi	429	2	7	420	42	151	106	130	
甘 肃	Gansu	1316	4	72	1240	163	896	67	190	
青 海	Qinghai	214	2	10	202	1	118	24	71	
宁 夏	Ningxia	368		16	352	20	186	102	60	
新 疆	Xinjiang	4646	24	247	4375	468	2678	240	1260	

2-12　2014年水闸数量（按水资源分区分）

Number of Water Gates in 2014 (by Water Resources Sub-region)

单位：座   unit: unit

水资源 一级区	Grade-I Water Resources Region	合计 Total	按过闸流量大小分 Classified According to Flow			按作用分 Classified According to Functions				
			大型 Large Gate	中型 Medium Gate	小型 Small Gate	分洪闸 Flood Diversion Gate	节制闸 Control Gate	排水闸 Drainage Gate	引水闸 Water Diversion Gate	挡潮闸 Tide Gate
合计	**Total**	98686	875	6360	91451	7993	56157	17581	11124	5831
松花江区	Songhua River	1923	26	140	1757	316	702	481	424	
辽河区	Liaohe River	2085	39	363	1683	298	1010	272	439	66
海河区	Haihe River	7402	59	540	6803	527	4106	1301	1394	74
黄河区	Yellow River	2604	19	142	2443	234	1241	500	611	18
淮河区	Huaihe River	22136	174	1266	20696	717	15070	3830	2223	296
长江区	Yangtze River	38452	262	2079	36111	3513	25531	5472	3562	374
东南诸河区	Rivers in Southeast	7242	65	505	6672	607	2514	1404	304	2413
珠江区	Pearl River	10697	203	969	9525	1164	2248	4008	687	2590
西南诸河区	Rivers in Southwest	154	1	44	109	10	99	31	14	
西北诸河区	Rivers in Northwest	5991	27	312	5652	607	3636	282	1466	

2-13　2014 年水闸数量（按水资源分区和地区分）

Number of Water Gates in 2014 (by Water Resources Sub-region and Region)

单位：座　　　　　　　　　　　　　　　　　　　　　　　　　　　　　　　　　　　　　　　unit: unit

地区	Region	合计 Total	按过闸流量大小分 Classified According to Flow			按作用分 Classified According to Functions				
			大型 Large Gate	中型 Medium Gate	小型 Small Gate	分洪闸 Flood Diversion Gate	节制闸 Control Gate	排水闸 Drainage Gate	引水闸 Water Diversion Gate	挡潮闸 Tide Gate
松花江区	**Songhua River**	**1923**	**26**	**140**	**1757**	**316**	**702**	**481**	**424**	
内蒙古	Inner Mongolia	231		16	215	20	127	20	64	
吉 林	Jilin	427	20	57	350	52	206	84	85	
黑龙江	Heilongjiang	1265	6	67	1192	244	369	377	275	
辽河区	**Liaohe River**	**2085**	**39**	**363**	**1683**	**298**	**1010**	**272**	**439**	**66**
内蒙古	Inner Mongolia	599	6	60	533	188	261	9	141	
辽 宁	Liaoning	1447	31	298	1118	101	732	255	293	66
吉 林	Jilin	39	2	5	32	9	17	8	5	
海河区	**Haihe River**	**7402**	**59**	**540**	**6803**	**527**	**4106**	**1301**	**1394**	**74**
北 京	Beijing	642	10	60	572	43	412	104	83	
天 津	Tianjin	1085	13	55	1017	53	488	245	287	12
河 北	Hebei	3082	10	247	2825	257	1755	548	484	38
山 西	Shanxi	491		30	461	47	286	56	102	
内蒙古	Inner Mongolia	13			13				13	
辽 宁	Liaoning	10	7	3				10		
山 东	Shandong	1334	18	116	1200	52	730	265	263	24
河 南	Henan	745	1	29	715	75	435	73	162	
黄河区	**Yellow River**	**2604**	**19**	**142**	**2443**	**234**	**1241**	**500**	**611**	**18**
山 西	Shanxi	240	3	24	213	19	158	37	26	
内蒙古	Inner Mongolia	733	1	17	715	46	444	25	218	
山 东	Shandong	205	6	20	179	77	1	109		18
河 南	Henan	423	4	37	382	18	185	99	121	
陕 西	Shaanxi	315	2	7	306	14	125	82	94	
甘 肃	Gansu	151	1	12	138	39	56	27	29	
青 海	Qinghai	169	2	9	158	1	86	19	63	
宁 夏	Ningxia	368		16	352	20	186	102	60	
淮河区	**Huaihe River**	**22136**	**174**	**1266**	**20696**	**717**	**15070**	**3830**	**2223**	**296**
江 苏	Jiangsu	13439	31	320	13088	170	10573	1279	1160	257
安 徽	Anhui	2859	46	243	2570	328	1322	993	216	
山 东	Shandong	3653	64	457	3132	156	2268	565	625	39
河 南	Henan	2185	33	246	1906	63	907	993	222	

2-13 续表 continued

地区 Region		合计 Total	按过闸流量大小分 Classified According to Flow			按作用分 Classified According to Functions				
			大型 Large Gate	中型 Medium Gate	小型 Small Gate	分洪闸 Flood Diversion Gate	节制闸 Control Gate	排水闸 Drainage Gate	引水闸 Water Diversion Gate	挡潮闸 Tide Gate
长江区	**Yangtze River**	**38452**	**262**	**2079**	**36111**	**3513**	**25531**	**5472**	**3562**	**374**
上　海	Shanghai	2179		63	2116		1821	1	11	346
江　苏	Jiangsu	5041	5	140	4896	133	4488	173	234	13
浙　江	Zhejiang	4003		70	3933	76	3244	640	28	15
安　徽	Anhui	1228	12	99	1117	229	411	440	148	
江　西	Jiangxi	4462	25	234	4203	949	1765	1189	559	
河　南	Henan	249	1	13	235	10	111	82	46	
湖　北	Hubei	6778	22	154	6602	644	2916	1895	1323	
湖　南	Hunan	11986	147	1110	10729	1008	9190	925	863	
广　西	Guangxi	78			78	10	30	22	16	
重　庆	Chongqing	32	2	18	12	3	14		15	
四　川	Sichuan	1306	47	101	1158	364	657	56	229	
贵　州	Guizhou	20	1		19			17	3	
云　南	Yunnan	945		77	868	59	833	4	49	
陕　西	Shaanxi	114			114	28	26	24	36	
甘　肃	Gansu									
青　海	Qinghai	31			31		25	4	2	
东南诸河区	**Rivers in Southeast**	**7242**	**65**	**505**	**6672**	**607**	**2514**	**1404**	**304**	**2413**
浙　江	Zhejiang	4841	18	247	4576	182	2039	755	188	1677
安　徽	Anhui	16			16		6	4	3	3
福　建	Fujian	2385	47	258	2080	425	469	645	113	733
珠江区	**Pearl River**	**10697**	**203**	**969**	**9525**	**1164**	**2248**	**4008**	**687**	**2590**
湖　南	Hunan	15	4	11		3		12		
广　东	Guangdong	8311	144	726	7441	821	1481	3447	389	2173
广　西	Guangxi	1474	49	144	1281	233	246	490	154	351
海　南	Hainan	413	3	23	387	71	187	25	64	66
贵　州	Guizhou	9		2	7	2	1	2	4	
云　南	Yunnan	475	3	63	409	34	333	32	76	
西南诸河区	**Rivers in Southwest**	**154**	**1**	**44**	**109**	**10**	**99**	**31**	**14**	
云　南	Yunnan	139	1	42	96	10	86	31	12	
西　藏	Tibet	15		2	13		13		2	
青　海	Qinghai									
西北诸河区	**Rivers in Northwest**	**5991**	**27**	**312**	**5652**	**607**	**3636**	**282**	**1466**	
内蒙古	Inner Mongolia	166		4	162	15	111	1	39	
甘　肃	Gansu	1165	3	60	1102	124	840	40	161	
青　海	Qinghai	14		1	13		7	1	6	
新　疆	Xinjiang	4646	24	247	4375	468	2678	240	1260	

2-14 历 年 水 旱 灾 害

Flood and Drought Disasters by Year

年份 Year	洪 灾 Flood Disasters							旱 灾 Drought Disasters		
	受灾 /千公顷 Disaster-affected Area /10³ha	成灾 /千公顷 Damaged Area /10³ha	成灾率 /% Percentage of Damaged Area /%	受灾人口 /万人 Affected Population /10⁴persons	死亡人口 /人 Death Toll /person	直接经济总损失 /亿元 Total Direct Economic Loss /10⁸yuan	水利设施经济损失 /亿元 Economic Loss of Water Facilities /10⁸yuan	受灾 /千公顷 Disaster-affected Area /10³ha	成灾 /千公顷 Damaged Area /10³ha	成灾率 /% Percentage of Damaged Area /%
1949	9282								52	
1950	6559	4710	71.8	1982				2398	589	24.6
1951	4173	1476	35.4	7819				7829	2299	29.4
1952	2794	1547	55.4	4162				4236	2565	60.6
1953	7187	3285	45.7	3308				8616	1341	15.6
1954	16131	11305	70.1	42447				2988	560	18.7
1955	5247	3067	58.5	2718				13433	4024	30.0
1956	14377	10905	75.9	10676				3127	2051	65.6
1957	8083	6032	74.6	4415				17205	7400	43.0
1958	4279	1441	33.7	3642				22361	5031	22.5
1959	4813	1817	37.8	4540				33807	11173	33.1
1960	10155	4975	49.0	6033				38125	16177	42.4
1961	8910	5356	60.1	5074				37847	18654	49.3
1962	9810	6318	64.4	4350				20808	8691	41.8
1963	14071	10479	74.5	10441				16865	9021	53.5
1964	14933	10038	67.2	4288				4219	1423	33.7
1965	5587	2813	50.3	1906				13631	8107	59.5
1966	2508	950	37.9	1901				20015	8106	40.5
1967	2599	1407	54.1	1095				6764	3065	45.3
1968	2670	1659	62.1	1159				13294	7929	59.6
1969	5443	3265	60.0	4667				7624	3442	45.1
1970	3129	1234	39.4	2444				5723	1931	33.7
1971	3989	1481	37.1	2323				25049	5319	21.2
1972	4083	1259	30.8	1910				30699	13605	44.3
1973	6235	2577	41.3	3413				27202	3928	14.4
1974	6431	2737	42.6	1849				25553	2296	9.0
1975	6817	3467	50.9	29653				24832	5318	21.4
1976	4197	1329	31.7	1817				27492	7849	28.5
1977	9095	4989	54.9	3163				29852	7005	23.5
1978	2820	924	32.8	1796				40169	17969	44.7
1979	6775	2870	42.4	3446				24646	9316	37.8
1980	9146	5025	54.9	3705				26111	12485	47.8
1981	8625	3973	46.1	5832				25693	12134	47.2

2-14 续表 continued

年份 Year	洪 灾 Flood Disasters							旱 灾 Drought Disasters		
	受灾 /千公顷 Disaster-affected Area /10³ha	成灾 /千公顷 Damaged Area /10³ha	成灾率 /% Percentage of Damaged Area /%	受灾人口 /万人 Affected Population /10⁴persons	死亡人口 /人 Death Toll /person	直接经济总损失 /亿元 Total Direct Economic Loss /10⁸yuan	水利设施经济损失 /亿元 Economic Loss of Water Facilities /10⁸yuan	受灾 /千公顷 Disaster-affected Area /10³ha	成灾 /千公顷 Damaged Area /10³ha	成灾率 /% Percentage of Damaged Area /%
1982	8361	4463	53.4		5323			20697	9972	48.2
1983	12162	5747	47.3		7238			16089	7586	47.2
1984	10632	5361	50.4		3941			15819	7015	44.3
1985	14197	8949	63.0		3578			22989	10063	43.8
1986	9155	5601	61.2		2761			31042	14765	47.6
1987	8686	4104	47.2		3749			24920	13033	52.3
1988	11949	6128	51.3		4094			32904	15303	46.5
1989	11328	5917	52.2		3270			29358	15262	52.0
1990	11804	5605	47.5		3589	239		18175	7805	42.9
1991	24596	14614	59.4		5113	779		24914	10559	42.4
1992	9423	4464	47.4		3012	413		32980	17049	51.7
1993	16387	8610	52.5		3499	642		21098	8659	41.0
1994	18859	11490	60.9	21523	5340	1797		30282	17049	56.3
1995	14367	8001	55.7	20070	3852	1653		23455	10374	44.2
1996	20388	11823	58.0	25384	5840	2208		20151	6247	31.0
1997	13135	6515	49.6	18067	2799	930		33514	20010	59.7
1998	22292	13785	61.8	18655	4150	2551	287	14237	5068	35.6
1999	9605	5389	56.1	13013	1896	930	132	30153	16614	55.1
2000	9045	5396	59.7	12936	1942	712	103	40541	26777	66.0
2001	7138	4253	59.6	11087	1605	623	98	38480	23702	61.6
2002	12384	7439	60.1	15204	1819	838	166	22207	13247	59.7
2003	20366	13000	63.8	22572	1551	1301	173	24852	14470	58.2
2004	7782	4017	51.6	10673	1282	714	113	17255	7951	46.1
2005	14967	8217	54.9	20026	1660	1662	249	16028	8479	52.9
2006	10522	5592	53.2	13882	2276	1333	208	20738	13411	64.7
2007	12549	5969	47.6	17698	1230	1123	177	29386	16170	55.0
2008	8867	4537	51.2	14047	633	955	172	12137	6798	56.0
2009	8748	3796	43.4	11102	538	846	148	29259	13197	45.1
2010	17867	8728	48.9	21085	3222	3745	692	13259	8987	67.8
2011	7192	3393	47.2	8942	519	1301	210	16304	6599	40.4
2012	11218	5871	52.3	12367	673	2675	468	9333	3509	37.6
2013	11901	6623	55.7	12022	775	3146	445	11220	6971	62.1
2014	5919	2830	47.8	7382	486	1574	249	12272	5677	46.3

2-15 2014 年水旱灾害（按地区分）

Flood and Drought Disasters in 2014 (by Region)

地区	Region	洪 灾 Flood Disasters						旱 灾 Drought Disasters	
		受灾 /千公顷 Disaster-affected Area /10³ha	成灾 /千公顷 Damaged Area /10³ha	受灾人口 /万人 Affected Population /10⁴persons	死亡人口 /人 Death Toll /person	直接经济总损失 /亿元 Total Direct Economic Loss /10⁸yuan	水利设施经济损失 /亿元 Economic Loss of Water Facilities /10⁸yuan	受灾 /千公顷 Disaster-affected Area /10³ha	成灾 /千公顷 Damaged Area /10³ha
合 计	Total	5919.43	2829.99	7381.82	486	1573.55	248.68	12271.70	5677.10
北 京	Beijing							26.1	17.1
天 津	Tianjin								
河 北	Hebei	11.06	7.3	9.04	3	1.82	0.27	1027.9	592.7
山 西	Shanxi	32.08	15.73	27.27	1	5.17	0.22	721.6	208
内蒙古	Inner Mongolia	104.72	71.06	26.12	2	9.15	0.43	1313.6	740
辽 宁	Liaoning	0.01	0.01	0.01	4	0.1	0.1	1811.4	1262.3
吉 林	Jilin	8.55	4.03	3.65		1.15	0.13	568.3	232.5
黑龙江	Heilongjiang	544.93	297.39	67.92	5	34.16	4.29	61.8	31.4
上 海	Shanghai								
江 苏	Jiangsu	57.92	18.75	30.82		1.99	0.23	473.9	155.8
浙 江	Zhejiang	177.72	76.02	325.79	4	55.35	10.43		
安 徽	Anhui	310.77	162.5	443.79		18.15	5.15	283.3	60
福 建	Fujian	146.66	59.82	197.31	11	56.09	14.51		
江 西	Jiangxi	358.13	181.79	412.56	21	56.18	14.25		
山 东	Shandong	109.85	38.91	25.69		7.33	0.94	688.5	230.7
河 南	Henan	1.79		1.53		0.76	0.25	1809.3	775.3
湖 北	Hubei	131.24	63.48	171.63	4	17.52	2.88	633.5	179.1
湖 南	Hunan	815.05	435.13	1024.69	45	152.26	33.24		
广 东	Guangdong	691.17	300.11	682.52	33	315.87	59.76		
广 西	Guangxi	918.9	315.31	817.96	28	202.49	22.46	15.6	4.2
海 南	Hainan	203.61	134.96	417.95	26	183.11	10.89		
重 庆	Chongqing	212.29	61.62	630	103	96.02	13.16	7.6	4.7
四 川	Sichuan	288.49	138.79	698.12	14	126.57	19.21	576.8	166
贵 州	Guizhou	364.29	188.92	716.77	71	126.61	17.2	9.5	2.7
云 南	Yunnan	273.96	159.47	437.96	85	69.43	12.19	332	194.2
西 藏	Tibet	9.77	3.1	12.79	1	4.16	0.53	4.1	3.8
陕 西	Shaanxi	64.37	43.06	105.18	4	17.18	2.68	434.7	274.7
甘 肃	Gansu	43.28	25.22	37.02	2	5.21	0.73	644.2	291.3
青 海	Qinghai	8.95	7.64	10.47	4	2.2	0.39	23.9	0.5
宁 夏	Ningxia	17.04	9.22	39.7	6	5.08	1.82	227.8	59.3
新 疆	Xinjiang	12.83	10.65	7.56	9	2.44	0.34	576.3	190.8

2-16 历年除涝面积和治碱面积
Drainage and Saline Control Areas by Year

单位：千公顷   unit: 10³ha

年份 Year	易涝面积 Waterlogging Area	除涝面积 合计 Total Drainage Control Area	3～5 年 3-5 Years	5 年以上 More than 5 Years	盐碱耕地 面积 Area of Saline and Alkaline Farmland	盐碱耕地 改良面积 Area of Improved Saline and Alkaline Farmland
1974	23337.33	17370.00	7238.00	10132.00	6705.33	3652.67
1975	22080.67	16060.67	7042.67	9018.00	7062.00	3885.33
1976	22228.67	16688.67	7059.33	9629.33	7132.00	4186.00
1977	22277.33	16881.33	7219.33	9662.00	7262.00	4040.67
1978	22554.00	17281.33	7416.67	9864.67	7258.67	4131.33
1979	23218.00	17748.67	7539.33	10209.33	7302.00	4132.00
1980	23410.00	17847.33	7316.00	10531.33	7145.33	4235.33
1981	23776.67	17896.00	7174.00	10722.00	7243.33	4262.67
1982	23776.67	18092.67	7210.67	10882.00	7243.33	4265.33
1983	24066.00	18200.67	7194.67	11006.00	7357.33	4391.33
1984	24235.33	18399.33	7157.33	11242.00	7331.33	4474.00
1985	24086.67	18584.00	7217.33	11366.67	7692.00	4569.33
1986	24229.33	18760.67	7430.67	11330.00	7606.67	4623.33
1987	24337.33	18958.00	7521.33	11436.67	7636.00	4755.33
1988	24348.00	19064.00	7532.00	11532.00	7672.00	4830.00
1989	24425.33	19229.33	7566.00	11663.33	7538.67	4883.33
1990	24466.67	19336.66	7671.33	11665.33	7539.33	4995.09
1991	24424.00	19580.30	8004.00	11576.30	7617.83	5110.09
1992	24410.00	19769.76	7996.88	11772.88	7633.22	5210.21
1993		19883.48	8068.40	11815.08	7655.82	5304.62
1994		19678.55	8172.43	11506.12	7655.82	5350.83
1995		20055.64	8241.97	11813.67	7655.83	5433.91
1996		20278.74	8367.67	11911.07		5513.15
1997		20525.80	8540.54	11985.26		5612.25
1998		20680.73	8645.98	12034.75		5653.94
1999		20838.48	8878.23	11960.25		5736.82
2000		20989.70	8812.76	12176.94		5841.36
2001		21021.33	8841.33	12180.00		5750.67
2002		21097.11	8916.94	12180.17		5282.86
2003		21137.31	8918.54	12218.77		5864.59
2004		21198.00				5961.56
2005		21339.74	9272.60	12067.14		
2006		21376.31	9197.50	12178.80		
2007		21419.14	9208.24	12210.90		
2008		21424.55	9334.67	12089.87		
2009		21584.32	9370.59	12213.73		
2010		21691.74	9427.39	12264.35		
2011		21721.62	9505.51	12216.11		
2012		21857.33	9515.22	12342.11		
2013		21943.10	9517.05	12426.05		
2014		22369.34	9751.38	12617.97		

2-17 2014年除涝面积（按地区分）

Drainage Control Area in 2014 (by Region)

单位：千公顷   unit: 10³ha

地区 Region		除涝面积合计 Total Drainage Control Area	3～5 年 3-5 Years	5～10 年 5-10 Years	10 年以上 More than 10 Years	新增除涝面积 Increase Area of Drainage Control
合　计	Total	22369.34	9751.38	8525.29	4092.68	456.04
北　京	Beijing	149.77			149.77	
天　津	Tianjin	369.32	104.84	201.45	63.03	
河　北	Hebei	1639.33	805.07	761.38	72.88	0.70
山　西	Shanxi	89.13	60.06	28.84	0.23	
内蒙古	Inner Mongolia	277.00	157.76	84.87	34.37	
辽　宁	Liaoning	910.98	180.08	410.29	320.61	1.57
吉　林	Jilin	1026.53	144.32	353.65	528.56	
黑龙江	Heilongjiang	3382.06	2433.86	884.08	64.12	1.48
上　海	Shanghai	58.82	1.94	11.00	45.88	0.40
江　苏	Jiangsu	2961.97	673.53	1088.29	1200.15	114.10
浙　江	Zhejiang	523.52	129.80	202.26	191.46	16.27
安　徽	Anhui	2315.84	956.22	1266.57	93.05	28.14
福　建	Fujian	147.06	87.03	47.81	12.22	4.33
江　西	Jiangxi	392.81	190.34	182.29	20.18	7.37
山　东	Shandong	2946.51	1434.74	1363.59	148.18	53.85
河　南	Henan	2031.69	1517.38	492.69	21.62	96.68
湖　北	Hubei	1286.87	194.51	476.59	615.76	78.10
湖　南	Hunan	423.99	133.17	223.14	67.68	7.12
广　东	Guangdong	526.10	59.18	92.17	374.75	
广　西	Guangxi	231.44	124.84	96.46	10.14	0.51
海　南	Hainan	12.80	8.99	2.61	1.20	0.16
重　庆	Chongqing					
四　川	Sichuan	100.74	52.16	43.61	4.97	0.57
贵　州	Guizhou	89.50	27.85	48.44	13.22	36.97
云　南	Yunnan	264.61	176.78	73.29	14.54	5.05
西　藏	Tibet	21.96	0.30	21.66		0.04
陕　西	Shaanxi	132.50	74.06	53.17	5.27	1.63
甘　肃	Gansu	11.14	4.98	2.02	4.14	
青　海	Qinghai					
宁　夏	Ningxia	24.03	12.40	0.53	11.10	1.00
新　疆	Xinjiang	21.33	5.19	12.53	3.61	

2-18　2014年除涝面积（按水资源分区分）
Drainage Control Area in 2014 (by Water Resources Sub-region)

单位：千公顷   unit: 10³ha

水资源 一级区	Grade- I Water Resources Sub-region	除涝面积合计 Total Drainage Control Area	3～5 年 3-5 Years	5～10 年 5-10 Years	10 年以上 More than 10 Years	新增除涝面积 Increase Area of Drainage Control
合　计	**Total**	**22369.34**	**9751.38**	**8525.29**	**4092.68**	**456.04**
松花江区	Songhua River	4412.70	2656.96	1190.57	565.17	1.48
辽河区	Liaohe River	1140.57	231.92	526.66	381.99	1.57
海河区	Haihe River	3453.82	1611.60	1510.58	331.64	43.84
黄河区	Yellow River	595.25	381.85	176.14	37.26	6.82
淮河区	Huaihe River	7038.88	3306.59	2818.77	913.52	183.73
长江区	Yangtze River	4325.30	1060.98	1869.27	1395.05	201.09
东南诸河区	Rivers in Southeast	401.17	181.27	153.64	66.26	9.60
珠江区	Pearl River	858.02	242.94	233.95	391.13	4.12
西南诸河区	Rivers in Southwest	122.31	72.08	43.18	7.05	3.79
西北诸河区	Rivers in Northwest	21.33	5.19	12.53	3.61	

2-19 2014 年除涝面积（按水资源分区和地区分）

Drainage Control Area in 2014 (by Water Resources Sub-region and Region)

单位：千公顷　　　　　　　　　　　　　　　　　　　　　　　　　　　　　　　　　　　unit: 10³ha

地区 Region		除涝面积合计 Total Drainage Control Area	3～5 年 3-5 Years	5～10 年 5-10 Years	10 年以上 More than 10 Years	新增除涝面积 Increase Area of Drainage Control
松花江区	**Songhua River**	**4412.70**	**2656.96**	**1190.57**	**565.17**	**1.48**
内蒙古	Inner Mongolia	106.86	89.85	17.01		
吉 林	Jilin	923.78	133.25	289.48	501.05	
黑龙江	Heilongjiang	3382.06	2433.86	884.08	64.12	1.48
辽河区	**Liaohe River**	**1140.57**	**231.92**	**526.66**	**381.99**	**1.57**
内蒙古	Inner Mongolia	126.84	40.77	52.20	33.87	
辽 宁	Liaoning	910.98	180.08	410.29	320.61	1.57
吉 林	Jilin	102.75	11.07	64.17	27.51	
海河区	**Haihe River**	**3453.82**	**1611.60**	**1510.58**	**331.64**	**43.84**
北 京	Beijing	149.77			149.77	
天 津	Tianjin	369.32	104.84	201.45	63.03	
河 北	Hebei	1639.33	805.07	761.38	72.88	0.70
山 西	Shanxi	32.48	21.84	10.41	0.23	
内蒙古	Inner Mongolia	0.91	0.91			
辽 宁	Liaoning					
山 东	Shandong	1077.69	533.10	499.38	45.21	36.88
河 南	Henan	184.32	145.84	37.96	0.52	6.26
黄河区	**Yellow River**	**595.25**	**381.85**	**176.14**	**37.26**	**6.82**
山 西	Shanxi	56.65	38.22	18.43		
内蒙古	Inner Mongolia	42.39	26.23	15.66	0.50	
山 东	Shandong	90.11	27.64	43.03	19.44	2.00
河 南	Henan	257.59	209.44	47.34	0.81	2.20
陕 西	Shaanxi	121.05	67.32	49.13	4.60	1.62
甘 肃	Gansu	3.43	0.60	2.02	0.81	
青 海	Qinghai					
宁 夏	Ningxia	24.03	12.40	0.53	11.10	1.00
淮河区	**Huaihe River**	**7038.88**	**3306.59**	**2818.77**	**913.52**	**183.73**
江 苏	Jiangsu	2138.59	607.68	786.11	744.80	76.97
安 徽	Anhui	1766.80	825.67	876.23	64.90	22.30
山 东	Shandong	1778.71	874.00	821.18	83.53	14.97
河 南	Henan	1354.78	999.24	335.25	20.29	69.49

2-19　续表　continued

地区 Region		除涝面积合计 Total Drainage Control Area	3～5年 3-5 Years	5～10年 5-10 Years	10年以上 More than 10 Years	新增除涝面积 Increase Area of Drainage Control
长江区	**Yangtze River**	**4325.30**	**1060.98**	**1869.27**	**1395.05**	**201.09**
上　海	Shanghai	58.82	1.94	11.00	45.88	0.40
江　苏	Jiangsu	823.38	65.85	302.18	455.35	37.13
浙　江	Zhejiang	269.41	35.56	96.43	137.42	10.99
安　徽	Anhui	549.04	130.55	390.34	28.15	5.84
江　西	Jiangxi	392.81	190.34	182.29	20.18	7.37
河　南	Henan	235.00	162.86	72.14		18.73
湖　北	Hubei	1286.87	194.51	476.59	615.76	78.10
湖　南	Hunan	418.86	129.99	222.15	66.72	6.20
广　西	Guangxi	2.55	0.81	1.45	0.29	
重　庆	Chongqing					
四　川	Sichuan	100.74	52.16	43.61	4.97	0.57
贵　州	Guizhou	70.23	15.69	42.16	12.39	34.55
云　南	Yunnan	98.44	69.60	24.89	3.95	1.19
陕　西	Shaanxi	11.45	6.74	4.04	0.67	0.01
甘　肃	Gansu	7.71	4.38		3.33	
青　海	Qinghai					
东南诸河区	**Rivers in Southeast**	**401.17**	**181.27**	**153.64**	**66.26**	**9.60**
浙　江	Zhejiang	254.11	94.24	105.83	54.04	5.28
安　徽	Anhui					
福　建	Fujian	147.06	87.03	47.81	12.22	4.33
珠江区	**Pearl River**	858.02	242.94	223.95	391.13	4.12
湖　南	Hunan	5.13	3.18	0.99	0.96	0.92
广　东	Guangdong	526.10	59.18	92.17	374.75	
广　西	Guangxi	228.89	124.03	95.01	9.85	0.51
海　南	Hainan	12.80	8.99	2.61	1.20	0.16
贵　州	Guizhou	19.28	12.16	6.285	0.83	2.42
云　南	Yunnan	65.82	35.40	26.88	3.54	0.11
西南诸河区	**Rivers in Southwest**	**122.31**	**72.08**	**43.18**	**7.05**	**3.79**
云　南	Yunnan	100.35	71.78	21.52	7.05	3.75
西　藏	Tibet	21.96	0.30	21.66		0.04
青　海	Qinghai					
西北诸河区	**Rivers in Northwest**	**21.33**	**5.19**	**12.53**	**3.61**	
内蒙古	Inner Mongolia					
甘　肃	Gansu					
青　海	Qinghai					
新　疆	Xinjiang	21.33	5.19	12.53	3.61	

主要统计指标解释

已建成水库座数 在江河上筑坝（闸）所形成的能拦蓄水量、调节径流的蓄水区的数量。

大型水库：总库容在 1 亿立方米及以上。

中型水库：总库容在 1000 万（含 1000 万）～1 亿立方米。

小型水库：库容在 10 万（含 10 万）～1000 万立方米。

水库库容 从设计规模和统计角度规定如下：

（1）总库容：即校核水位以上的库容。包括死库容、兴利库容、防洪库容（减掉和兴利库容重复部分）之综合，称总库容。

（2）兴利库容：一般为正常高水位至死水位之间的库容。

（3）调洪库容或防洪库容：指校核洪水位与防洪限制水位（也叫汛期限制水位）之间的库容。防汛限制水位，是水库在汛期的下限水位，这个水位以上的库容在汛期专供滞蓄防洪标准内的洪水使用，洪水到来之前水库蓄水不允许超过此水位。

堤防长度 建成或基本建成的在江、河、湖、海岸边用于防洪、防潮的工程长度之总和，包括新中国成立前建成以及需要加固加高培厚的老堤防。但不包括单纯除涝河道的堤防和弃土形成的堤防，也不包括子堤和生产堤。所谓基本建成，是指按设计标准已经完成并能发挥设计效益，但还留有少量尾工的工程。

堤防保护人口 报告期堤防保护范围内的全部人口数。也就是假设河流在设计最大洪水通过时，如没有堤防或一旦堤防决口，所能淹及的最大范围内在报告期当年年末全部人口数。

堤防保护耕地面积 堤防保护范围内的耕地。即按设计最大洪水通过时，假设不修堤防的情况下，洪水所能淹及的最大范围内的耕地面积。

累计达标堤防长度 根据国家《防洪标准》（GB 50201—94）和江河防洪规划，已达到国家所认定的堤防等级的堤防长度。根据《防洪标准》规定，由于堤防保护的耕地面积和人口不同，以及城市、工矿企业、交通干线等防护对象的重要性程度不同，堤防工程的防洪标准不一样。达标堤防是指按国家标准堤防工程设计规范进行堤防工程标准设计，施工完成后达到设计规定要求的堤防。

堤防工程的级别 按防洪标准分为五个级别。堤防工程防护对象的防洪标准应按照《防洪标准》确定。

主要堤防 保护耕地面积在 30 万亩以上（包括 30 万亩）或保护重要工矿、企业、交通干线、国防设施、机场、主要城镇的河道堤防及海堤（海塘）。

水闸数量 水利工程中用以控制水流、水位、通航的水工建筑物的数量。关闭或开启闸门起到调节闸上、下游水位，控制泄流以达到防洪、引水、排水、通航、发电等作用。按流量划分：大型水闸指校核过闸流量 1000 立方米每秒及以上水闸；中型水闸指校核过闸流量 100～1000 立方米每秒的水闸；小型水闸指校核过闸流量 10～100 立方米每秒的水闸。

分洪闸 为了保护河道下游堤防及重要城镇、工厂、矿区的安全，在河道遇到特大洪水时宣泄部分洪水进入湖泊、洼地等分洪区（或滞洪区）中，以削减洪峰，免除洪水泛滥所造成的灾害而在河岸边修的水闸。

节制闸 为控制河渠、湖泊水位，保证引水、供水要求而修建的水闸。这种闸一般是拦河、渠而修建的，又称拦河闸。

排水闸 为排除内涝积水在河道两岸修建的闸。或在分洪区（或滞洪闸）出口处设置的尾水闸、退水闸。

引水闸（渠首闸） 从河流、湖泊、水库中引水进行灌溉、发电等而在引水源口处设置的水闸，其功能主要是引水。

挡潮闸 在沿海河口附近修建的发挥排水、挡潮作用的水闸。

洪涝灾害 因降雨、融雪、冰凌、溃坝（堤）、风暴潮、热带气旋等造成的江河洪水、渍涝、山洪、滑坡和泥石流等，以及由其引发的次生灾害。

受灾面积 因洪涝灾害造成在田农作物产量损失一成（含一成）以上的播种面积（含成灾、绝收面积），同一地块的当季农作物遭受一次以上洪涝灾害时，只计其中最重的一次。

成灾面积 因洪涝灾害造成在田农作物受灾面积中，产量损失三成（含三成）以上的播种面积（含绝收面积）。

干旱灾害 因降水少、水资源短缺，对城乡居民生活、工农业生产造成直接影响的旱情，以及旱情发生后给工农业生产造成的旱灾损失。

作物受灾面积 在受旱面积中作物产量比正常年产量减产一成以上的面积。

作物成灾面积 在受旱面积中作物产量比正常年产量减产三成（含三成）以上的面积。

易涝面积 抗涝能力标准低的低洼涝耕地面积。2003 年年报开始只统计"十五"现状数，即 2001 年初的时点数，包括未治理的易涝耕地面积和排涝设施严重老化毁损的易涝面积。

除涝面积 通过水利工程如围垦、抽水等对易涝面

积进行治理，使易涝耕地免除淹涝称除涝面积。按除涝的标准分为 3～5 年、5～10 年和 10 年以上。易涝面积虽经过治理，但标准尚未达到 3 年一遇标准的，不作为除涝面积统计。

盐碱耕地面积　土壤中含有盐碱、影响农作物生长甚至接近不能耕种的面积。

盐碱耕地改良面积　在新、老盐碱耕地上进行水利、农业和土壤改良等措施，在正常年景使农作物出苗率达到 70%以上的面积。

Explanatory Notes of Main Statistical Indicators

Number of completed reservoirs The storage area that is formed by constructing a dam (gate) to detain and store water and regulate runoff.

Large reservoir: the total storage capacity is over 100 million m³ (including 100 million m³).

Medium reservoir: the total storage capacity is between 10 million m³ (including 10 million m³) to 100 million m³.

Small reservoir: the total storage capacity is between 0.1 million m³ (including 0.1 million m³) to 10 million m³.

Storage capacity of reservoir Following indicators are defined according to the scale of design and needs of statistics.

1. Total storage capacity: refers to storage capacity above the check water level, total storage capacity includes dead storage capacity, usable storage capacity, and flood control storage capacity (deducting the repeating part of usable storage).

2. Usable storage capacity: refers to storage capacity between levels of normal high to dead water.

3. Flood regulation capacity or flood control storage capacity: refers to storage capacity between check floodwater to floodwater limit (also termed limited water level in flood season). Floodwater limit refers to the lowest level of reservoir in flood season, which is used to store and detain floods specified by flood control standard; before floodwater comes, water level of reservoirs is not allowed to exceed this limit.

Length of embankment Total length of embankment is the sum of completed or mostly completed levees or dykes along a river and lake, sea dike, polder and flood control wall etc., including old embankments built before the founding of People's Republic of China in 1949 and those need to be strengthened, heightened and thickened, but excluding embankment purely for waterlogging control and spoil dike, as well as sub-cofferdam or production dikes. Mostly completed embankment refers to a project that has a few of works to end up, but it can put into use and generate benefit according to design standard.

Protected population of embankment Total population protected by embankment during report period. In another word, the total population inundated by flood as a maximum at the end of the year when the design maximum flood passes river courses and if no embankment or break of embankment exists.

Protected farmland of embankment Cultivated land under the protection of embankment, i.e. inundated farmland of flood as a maximum if design maximum flood passes and no embankment exists.

Accumulated length of up-to-standard embankment Total length of embankment that has reached national standard, in accordance of "National Standards for Flood Control" and river flood control planning. According to the current "National Standards for Flood Control", the standards of embankment can be varied in accordance with protected cultivated area or population and importance of protected target such as a city, industrial and mining enterprises or key transportation line. Up-to-standard embankment refers to those designed and constructed according to national standards, and meet all requirements of original design upon completion.

Classification of embankment Embankment is classified into five categories according to flood control standards; the category of embankment for a protected target is determined according to the current National Standards for Flood Control.

Key embankment and dyke Embankment or levees along the river or sea dikes used for protecting farmlands of above 300,000 mu (including 300,000 mu), or important pastures land, and those areas less than 300,000 mu but where have important mine, enterprise, transportation line, national defense facilities, airport and key cities and towns.

Number of water gates Number of hydraulic structures employed for controlling flow and water level or for navigation. When the gate is open or close, water level at upper and down stream and discharge can be controlled in order to realize flood prevention, water diversion, drainage, navigation, and power generation. According to water flow, large size refers to the gate with a check flow of 1,000 m³/s or above; medium size refers to gate with a check flow of 100–1,000 m³/s, and small size refers to gate with a check flow of 10–100 m³/s.

Flood diversion gates Water gates are constructed beside river banks to protect the safety of dikes, major cities, factories, mines in lower reaches, and drain water into lakes, low ground or flood detention basins, in order to reduce flood peak and prevent flooding when severe flood happens.

Control gates Water gates are built to control water level of rivers, canals or lakes to ensure water diversion and water supply. Water control gates are also termed barrage gates.

Drainage gates Water gates are located beside river banks to drain waterlogging, or constructed in the outlets of flood detention basins (flood retarding gates) as tail locks and waste locks.

Water diversion gates (head gates) Water gates are built in water sources to divert water from rivers, lakes and reservoirs to irrigate, generate hydropower, etc., but its main purpose is to divert water.

Tide gates Water gates are located in coastal estuaries to drain water or prevent tides.

Flood & waterlogging disasters River flood, waterlogging or inland inundation, mountain flood, landslide and mudflow caused by rainfall, snow melting, river ice jam, dam failure, storm tide and tropical cyclone, as well as secondary disasters induced by them.

Affected area   Cultivated area (including damaged area and no harvest area) where loss of crop yield is more than 10% (including 10%) due to flood and waterlogging disasters; The most serious damage is calculated only when crop in same land suffer from more than one flood and waterlogging disaster during the same season.

Damaged area   Cultivated area (including no harvest area) where loss of crop yield is more than 30% (including 30%) due to flood and waterlogging disasters.

Drought disaster   It refers to a disaster that results in direct impact on life of people, industrial and agricultural production in urban and rural areas because of less precipitation and water shortage.

Drought affected area   It refers to drought-affected area where loss of crop yield is 10% more than normal years.

Drought damaged area   It refers to drought-affected area where loss of crop yield is 30% more (including 30%) than normal years.

Waterlogging area   It refers to low-lying farmland with a poor capacity of waterlogging control. Starting from the year of 2003, the annual report only provides statistics of current status in the 10th Five-Year Plan Period, i.e. the data in the early 2001, including waterlogging-prone farmland areas without control measures or those with severely damaged or aged facilities.

Drainage control area   The area of prone-waterlogging farmland controlled by waterworks such as cofferdams and water pump. The standard for waterlogging control is divided into 3-5 years, 5-10 years and above 10 years. Drainage control area do not include the farmland that has not reach to the waterlogging control standard of once in three years return period, even though efforts have been made to make improvement.

Area of saline and alkaline farmland   The area cannot be or almost cannot be cultivated because the soil contains salt and alkaline that affects the growing of crops.

Reclaimed area of saline and alkaline farmland   The reclaimed area of old or newly-emerged saline and alkaline farmlands that have a percentage of seedling emergence at and above 70% in normal years, thanks to the measure of water conservation, agricultural technology and soil improvement.

3 农业灌溉

Agricultural Irrigation

简 要 说 明

农业灌溉统计资料主要包括农田水利设施的数量和产生的效益，分为灌溉面积、灌区、机电排灌站以及节水灌溉面积等四大类。

农业灌溉资料按水资源一级分区和地区分组。

1. 灌溉面积统计范围：已建成或基本建成的灌溉工程、水利综合利用工程、农田水利工程的灌溉面积，包括水利、农业等部门建设的灌溉面积。

2. 按耕地灌溉面积达到万亩以上的统计口径调整2008年数据；2012年，灌区统计口径调整为设计灌溉面积2000亩及以上灌区。

3. 节水灌溉面积只统计利用工程措施节水的面积。

4. 万亩以上灌区、机电排灌站历史资料汇总1974年至今数据；灌溉面积、农田排灌机械、机电灌溉面积历史资料汇总1949年至今数据；机电井历史资料汇总1961年至今数据。

5. 灌溉面积、灌区、机电井数据已与2011年水利普查数据进行了衔接。

Brief Introduction

Statistical data of agricultural irrigation mainly covers number of farm irrigation facilities and benefit generation, and is divided into four types of irrigated area, irrigation district, electromechanical irrigation station and water-saving irrigated area.

The data of agricultural irrigation is grouped in accordance with Grade-I water resources regions and regions.

1. Scope of statistics for irrigated area covers completed or mostly completed irrigation projects, multiple-purpose projects, irrigation and drainage systems, including the statistical data of water and agricultural departments and others.

2. The data in 2008 is adjusted based on irrigated area up to ten thousand mu. The data in 2012 is adjusted based on irrigation district with a designed irrigated area of two thousand mu and above.

3. Water-saving irrigated area only includes those with structure measures.

4. Historical data of irrigation district with an irrigated area up to ten thousand mu as well as electro-mechanical drainage stations are collected from 1974 until present. Data of irrigated area, farmland mechanical equipment for irrigation and drainage, electro-mechanical irrigated area are collected from 1949 until present; the data of electro-mechanical wells are collected from 1961 until present.

5. The data of irrigated area, irrigation district and electro-mechanical wells is integrated with the First National Census for Water.

3-1 主 要 指 标
Key Indicators

指标名称	Item	单位	unit	2008	2009	2010	2011	2012	2013	2014
灌溉面积	Irrigated Area	千公顷	10³ha	64120	65165	66352	67743	67783	69481	70652
耕地灌溉面积	Irrigated Area of Cultivated Land	千公顷	10³ha	58472	59261	60348	61682	62491	63473	64540
占耕地面积	In Total Cultivated Land	%	%	48.03	48.69	49.58	50.82	51.3	52.9	53.8
林地灌溉面积	Irrigated Area of Forest Land	千公顷	10³ha	1649	1775	1822	1899	1767	2111	2229
牧草灌溉面积	Irrigated Area of Grassland	千公顷	10³ha	1214	1247	1258	1265	819	1059	1092
耕地实灌面积	Actual Irrigated Cultivated Land	千公顷	10³ha	50666	51807	52589	53982		53105	54975
占耕地灌溉面积	In Irrigated Area of Cultivated Land	%	%	86.65	87.42	87.14	87.52		83.67	85.18
节水灌溉面积	Water-saving Irrigated Area	千公顷	10³ha	24436	25755	27314	29179	31217	27109	29019
万亩以上灌区数量	Irrigation District with an Area of 10,000 mu and above	处	unit	5851	5844	5795	5824	7756	7709	7709
其中：30万亩以上	Among Which: Irrigated Area up to 300,000 mu and above	处	unit	325	335	349	348	456	456	456
万亩以上灌区耕地灌溉面积	Irrigated Area of Irrigation District with an Area of 10,000 mu and above	千公顷	10³ha	29440	29562	29415	29748	30087	30216	30256
其中：30万亩以上	Among Which: Irrigated Area up to 300,000 mu and above	千公顷	10³ha	15401	15575	15658	15786	11260	11252	11251
机电排灌面积	Irrigated and Drainage Area with Mechanical and Electrical Equipment	千公顷	10³ha	39277	40016	40751	41465	42491		
其中:机电提灌面积	Among Which: Lifting Irrigated Area	千公顷	10³ha	34659	35581	36401	37079	38152		
排灌机械保有量	Registered Irrigation and Drainage Mechinery and Equipment	千千瓦	10³kW	85883	87530	87201	88237	102222		
固定机电排灌站	Fixed Irrigation and Drainage Stations	万处	10⁴unit	44.62	44.65	43.53	42.33	43.41		

3-2　历年万亩以上灌区数量和耕地灌溉面积

Irrigation Districts with an Area above 10,000 mu, by Year

年份 Year	合计 Total		#50万亩以上灌区 Irrigation Districts with an Area up to 500,000 mu and above		#30万~50万亩灌区 Irrigation Districts with an Area from 300,000 to 500,000 mu	
	处数 /处 Number /unit	耕地 灌溉面积 /千公顷 Irrigated Area of Cultivated Land /10³ha	处数 /处 Number /unit	耕地 灌溉面积 /千公顷 Irrigated Area of Cultivated Land /10³ha	处数 /处 Number /unit	耕地 灌溉面积 /千公顷 Irrigated Area of Cultivated Land /10³ha
1976	5288	19997	69	5591	74	1809
1977	5322	20303	71	5656	74	1872
1978	5249	20227	74	5751	74	1849
1979	5227	20219	72	5793	71	1789
1980	5289	20486	66	5737	72	1817
1981	5247	20363	66	5720	71	1777
1982	5252	20578	66	5788	72	1825
1983	5288	20941	67	5941	76	1789
1984	5319	20775	71	5994	69	1738
1985	5281	20777	71	5996	66	1670
1986	5299	20869	70	5988	71	1793
1987	5343	21144	70	6014	75	1889
1988	5302	21075	71	6066	75	1877
1989	5331	21177	72	6119	78	1933
1990	5363	21231	72	6048	76	1896
1991	5665	23292	73	6169	91	2186
1992	5531	23632	74	6184	92	2270
1993	5567	24483	74	6239	92	2318
1994	5523	22353	74	6288	98	2429
1995	5562	22499	74	6314	99	2444
1996	5606	22062	75	6150	108	2665
1997	5579	22495	77	6408	115	2862
1998	5611	22747	79	6692	114	2769
1999	5648	23580	90	7632	123	3093
2000	5683	24493	101	7883	141	3440
2001	5686	24766	108	8617	169	4054
2002	5691	25030	110	9158	168	4072
2003	5729	25244	112	9381	169	4084
2004	5800	25506	111	9714	169	4057
2005	5860	26419	117	10230	170	4080
2006	5894	28021	119	10520	166	4092
2007	5869	28341	120	10519	174	4148
2008	5851	29440	120	10768	205	4633
2009	5844	29562	125	10828	210	4747
2010	5795	29415	131	10918	218	4740
2011	5824	29748	129	10990	219	4796
2012	7756	30191	177	6243	280	5017
2013	7709	30216	176	6241	280	5010
2014	7709	30256	176	6241	280	5010

3-3　2014年万亩以上灌区数量和耕地灌溉面积（按地区分）

Irrigation Districts with an Area above 10,000 mu in 2014 (by Region)

地区 Region		合计 Total		#50万亩以上灌区 Irrigation Districts up to 500,000 mu and above		#30万～50万亩灌区 Irrigation Districts from 300,000 to 500,000 mu	
		处数 /处 Number /unit	耕地 灌溉面积 /千公顷 Irrigated Area of Cultivated Land /10³ha	处数 /处 Number /unit	耕地 灌溉面积 /千公顷 Irrigated Area of Cultivated Land /10³ha	处数 /处 Number /unit	耕地 灌溉面积 /千公顷 Irrigated Area of Cultivated Land /10³ha
合　计	Total	7709	30256	176	6241	280	5010
北　京	Beijing	11	41		28	1	
天　津	Tianjin	80	202			1	28
河　北	Hebei	151	1241	6	90	15	274
山　西	Shanxi	185	827	5		5	92
内蒙古	Inner Mongolia	211	1378	10	753	4	158
辽　宁	Liaoning	85	466	6	162	5	68
吉　林	Jilin	135	383	5		5	25
黑龙江	Heilongjiang	386	882	3	126	22	71
上　海	Shanghai	1	2				
江　苏	Jiangsu	299	2142	7	250	29	526
浙　江	Zhejiang	207	591	4	38	8	91
安　徽	Anhui	498	2072	7	712	3	148
福　建	Fujian	153	236			4	
江　西	Jiangxi	314	763	5	39	13	82
山　东	Shandong	502	2753	19	877	34	733
河　南	Henan	330	2390	18	671	19	462
湖　北	Hubei	563	2337	15	466	25	418
湖　南	Hunan	683	1529	5		17	123
广　东	Guangdong	488	784	2		1	22
广　西	Guangxi	358	644	3		8	22
海　南	Hainan	47	119	1			19
重　庆	Chongqing	123	132				
四　川	Sichuan	373	1187	6	164	4	215
贵　州	Guizhou	113	71				
云　南	Yunnan	332	712	2		10	127
西　藏	Tibet	67	56			1	
陕　西	Shaanxi	186	706	8	47	4	120
甘　肃	Gansu	239	1203	4	203	19	347
青　海	Qinghai	90	106				
宁　夏	Ningxia	30	475	4	33	1	41
新　疆	Xinjiang	469	3826	31	1583	22	797

3-4   2014年万亩以上灌区数量和耕地灌溉面积（按水资源分区分）

Irrigation Districts with an Area above 10,000 mu
in 2014 (by Water Resources Sub-region)

水资源一级区 Grade-I Water Resources Sub-region		合计 Total		#50万亩以上灌区 Irrigated Area up to 500,000 mu and above		#30万~50万亩灌区 Irrigated Area from 300,000 to 500,000 mu	
		处数 /处 Number /unit	耕地 灌溉面积 /千公顷 Irrigated Area of Cultivated Land /10³ha	处数 /处 Number /unit	耕地 灌溉面积 /千公顷 Irrigated Area of Cultivated Land /10³ha	处数 /处 Number /unit	耕地 灌溉面积 /千公顷 Irrigated Area of Cultivated Land /10³ha
合　计	Total	**7709**	**30256**	**176**	**6241**	**280**	**5010**
松花江区	Songhua River	560	1348	9	144	27	97
辽河区	Liaohe River	183	868	9	241	9	146
海河区	Haihe River	456	3693	20	796	25	621
黄河区	Yellow River	740	3901	30	979	19	701
淮河区	Huaihe River	932	5520	24	993	65	1093
长江区	Yangtze River	2744	7522	40	1364	70	991
东南诸河区	Rivers in Southeast	293	730	3	38	12	69
珠江区	Pearl River	992	1717	7		11	130
西南诸河区	Rivers in Southwest	234	323			4	52
西北诸河区	Rivers in Northwest	575	4634	34	1688	38	1109

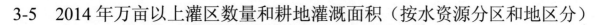

3-5 2014 年万亩以上灌区数量和耕地灌溉面积（按水资源分区和地区分）

Irrigation Districts with an Area above 10,000 mu in 2014
(by Water Resources Sub-region and Region)

地区 Region		合计 Total		#50 万亩以上灌区 Irrigation Districts up to 500,000 mu and above		#30 万～50 万亩灌区 Irrigation Districts from 300,000 to 500,000 mu	
		处数 /处 Number /unit	耕地 灌溉面积 /千公顷 Irrigated Area of Cultivated Land /10³ha	处数 /处 Number /unit	耕地 灌溉面积 /千公顷 Irrigated Area of Cultivated Land /10³ha	处数 /处 Number /unit	耕地 灌溉面积 /千公顷 Irrigated Area of Cultivated Land /10³ha
松花江区	**Songhua River**	**560**	**1348**	**9**	**144**	**27**	**97**
内蒙古	Inner Mongolia	44	112	1	18		
吉 林	Jilin	130	354	5		5	25
黑龙江	Heilongjiang	386	882	3	126	22	71
辽河区	**Liaohe River**	**183**	**868**	**9**	**241**	**9**	**146**
内蒙古	Inner Mongolia	93	373	3	79	4	78
辽 宁	Liaoning	85	466	6	162	5	68
吉 林	Jilin	5	29				
海河区	**Haihe River**	**456**	**3693**	**20**	**796**	**25**	**621**
北 京	Beijing	11	41		28	1	
天 津	Tianjin	80	202			1	28
河 北	Hebei	151	1241	6	90	15	274
山 西	Shanxi	83	299			3	39
内蒙古	Inner Mongolia	2	2				
辽 宁	Liaoning						
山 东	Shandong	90	1115	10	588	3	201
河 南	Henan	39	794	4	90	2	79
黄河区	**Yellow River**	**740**	**3901**	**30**	**979**	**19**	**701**
山 西	Shanxi	102	528	5		2	53
内蒙古	Inner Mongolia	58	884	5	650		80
山 东	Shandong	58	575		128	3	349
河 南	Henan	107	317	7	16	6	51
陕 西	Shaanxi	151	618	7	47	4	93
甘 肃	Gansu	166	414	2	104	3	35
青 海	Qinghai	68	91				
宁 夏	Ningxia	30	475	4	33	1	41
淮河区	**Huaihe River**	**932**	**5520**	**24**	**993**	**65**	**1093**
江 苏	Jiangsu	212	1978	6	211	26	488
安 徽	Anhui	228	1402	4	554	1	90
山 东	Shandong	354	1063	9	161	28	183
河 南	Henan	138	1077	5	67	10	332

3-5　续表　continued

地区 Region		合计 Total		#50万亩以上灌区 Irrigation Districts up to 500,000 mu and above		#30万~50万亩灌区 Irrigation Districts from 300,000 to 500,000 mu	
		处数 /处 Number /unit	耕地 灌溉面积 /千公顷 Irrigated Area of Cultivated Land /10³ha	处数 /处 Number /unit	耕地 灌溉面积 /千公顷 Irrigated Area of Cultivated Land /10³ha	处数 /处 Number /unit	耕地 灌溉面积 /千公顷 Irrigated Area of Cultivated Land /10³ha
长江区	**Yangtze River**	**2744**	**7522**	**40**	**1364**	**70**	**991**
上　海	Shanghai	1	2				
江　苏	Jiangsu	87	164	1	39	3	38
浙　江	Zhejiang	67	102	1			22
安　徽	Anhui	270	665	3	158	2	58
江　西	Jiangxi	314	763	5	39	13	82
河　南	Henan	46	202	2	498	1	
湖　北	Hubei	563	2337	15	466	25	418
湖　南	Hunan	669	1529	5		17	123
广　西	Guangxi	18	65				
重　庆	Chongqing	123	132				
四　川	Sichuan	373	1187	6	164	4	215
贵　州	Guizhou	83	46				
云　南	Yunnan	92	235	1		5	8
陕　西	Shaanxi	35	88	1			27
甘　肃	Gansu	3	1				
青　海	Qinghai		2				
东南诸河区	**Rivers in Southeast**	**293**	**730**	**3**	**38**	**12**	**69**
浙　江	Zhejiang	140	489	3	38	8	69
安　徽	Anhui		5				
福　建	Fujian	153	236			4	
珠江区	**Pearl River**	**992**	**1717**	**7**		**11**	**130**
湖　南	Hunan	14					
广　东	Guangdong	488	784	2		1	22
广　西	Guangxi	340	579	3		8	22
海　南	Hainan	47	119	1			19
贵　州	Guizhou	30	25				
云　南	Yunnan	73	210	1		2	67
西南诸河区	**Rivers in Southwest**	**234**	**323**			**4**	**52**
云　南	Yunnan	167	267			3	52
西　藏	Tibet	67	56			1	
青　海	Qinghai						
西北诸河区	**Rivers in Northwest**	**575**	**4634**	**34**	**1688**	**38**	**1109**
内蒙古	Inner Mongolia	14	7	1	6		
甘　肃	Gansu	70	788	2	99	16	312
青　海	Qinghai	22	13				
新　疆	Xinjiang	469	3826	31	1583	22	797

3-6 历年机电排灌站处数和装机容量

Installed Capacity of Irrigation and Drainage Stations with Mechanical and Electrical Equipment, by Year

年份 Year	机电排灌站装机容量 /千千瓦 Installed Capacity of Mechanical and Electrical Irrigation and Drainage Stations /10³kW	固定机电排灌站 Fixed Irrigation and Drainage Stations				流动机装机容量 /千千瓦 Installed Capacity of Mobile Equipment /10³kW	喷滴灌装机容量 /千千瓦 Installed Capacity of Sprinkler and Drip /10³kW
		处数 /处 Number /unit	机械 Mechanical Equipment	电力 Electrical Equipment	装机容量 /千千瓦 Installed Capacity /10³kW		
1977		405472	162486	242986	13933		
1978		415898	160142	255756	15028		
1979		431730	155529	276201	16494		
1980		524426	234029	290397	17976		
1981		472299	175243	297056	18043		
1982		470819	166225	304594	18566		
1983		475350	159120	316230	19055		
1984		478130	151055	327075	19249		
1985		462269	133519	328750	19148		
1986		455616	122806	332810	19182		
1987		462100	115602	346498	19558		
1988		461085	107156	353929	19854		
1989		465377			19978		
1990		473680			20065		
1991		481566			23213		
1992		493599			22200		
1993		493501			21142		
1994		494349			21086		
1995		495700			21061		
1996		498063			21418		
1997		502861			21530		
1998		503805			21797		
1999		513883			21987		
2000	41570	506067			21798	17837	1934
2001	46670	516743			23510	20891	2269
2002	43604	507397			22881	18170	2553
2003	43039	502165			21988	18316	2735
2004	43748	494172			21912	19016	2820
2005	43599	489921			22176	18515	2908
2006	44726	473349			24531	20196	
2007	45789	443504			23953	18590	3247
2008	44378	446151			22327	18379	3671
2009	45174	446494			24474	16688	4011
2010	43987	435320			23305	16734	3947
2011	44030	423335			23111	16628	4291
2012	52791	434062			27158	19598	6034

注　2006 年流动机装机容量包含了喷滴灌装机容量。

Note　The installed capacity of mobile equipment includes those of sprinklers and drips in 2006.

 Agricultural Irrigation

3-7 历年农田排灌机械保有量和装机容量

Registered Mechanical Equipment for Irrigation and Drainage, by Year

单位：千千瓦   unit: 10³kW

年份 Year	排灌机械 保有量合计 Total Registered Machinery and Equipment for Irrigation and Drainage	#电动机 Motor	配套机电井 装机容量 Installed Capacity of Counterpart Wells	机电排灌站 装机容量 Installed Capacity of Irrigation and Drainage Stations	#固定机电 排灌站 Fixed Irrigation and Drainage Stations
1951	84				
1952	94				
1953	104				
1954	121				
1955	153				
1956	282				
1957	415	71			
1958	886				
1959	2299	383			
1960	3540	624			
1961	3948	1016			
1962	4521	1648			
1963	5101	2164			
1964	5579	2675			
1965	6674	3259			
1970	13421				
1971	14598	6299			
1972	18126	10218			
1973	25442	12867			
1974	28894	14798			
1975	34810	17064	15765		11285
1976	39850	19824	18200		12730
1977	42920	21084	18453		13933
1978	47224	24200	20732		15028
1979	51329	25988	20616		16494
1980	53840	27355	20740		17976
1981	54548	28563	21228		18043
1982	55618	29894	21907		18566
1983	57923	31731	22814		19055
1984	59575	32942	22857		19249
1985	59414	33192	23151		19148
1986	59793	34059	22774		19182
1987	62422	35459	23706		19558
1988	64367	36424	25378		19854
1989	66354	37400	25932		19978
1990	68055	38311	26594		20065
1991	70485	39907	26451		23213
1992	65968	39895	27257		22200
1993	65845	39806	27648		21142
1994	66905	40706	27988		21086
1995	68241	41764	29001		21061
1996	70196	43034	30468		21418
1997	72686		32215		21530
1998	75594		33606		21797
1999	77009		35242		21987
2000	77477		35908	41570	21798
2001	87999		41329	46670	23510
2002	81295		37692	43604	22881
2003	80780		37741	43039	21988
2004	82159		38411	43748	21912
2005	82469		38871	43599	22176
2006	85443		40718	44726	24531
2007	86684		40894	45789	23953
2008	85883		41505	44378	22327
2009	87530		42356	45174	24474
2010	87201		43215	43987	23305
2011	88237		44207	44030	23111
2012	102222		49431	52791	27158

3-8 历年机电井眼数和装机容量

Mechanical and Electrical Wells, by Year

年份 Year	机电井眼数 /万眼 Number of Mechanical and Electrical Wells /10⁴unit	#灌溉机电井 Mechanical and Electrical Wells for Irrigation	配套机电井眼数 /万眼 Number of Counterpart Mechanical and Electrical Wells /10⁴unit	#灌溉机电井 Mechanical and Electrical Wells for Irrigation	配套机电井装机容量 /千千瓦 Installed Capacity of Counterpart Mechanical and Electrical Wells /10³kW	#灌溉机电井 Mechanical and Electrical Wells for Irrigation
1964		13.83		10.51		
1965		19.42		19.42		
1966		22.84		15.26		
1969		74.87		43.41		
1970		91.89		62.70		
1971		113.31		80.67		
1972		134.91		100.76		
1973		170.02		130.35		
1974		194.62		157.09		
1975		217.46		181.75		15765
1976		240.73		203.32		18200
1977		254.59		210.88		18463
1978		265.87		221.83		20732
1979		273.25		229.37		20616
1980		269.10		229.06		20740
1981		266.47		229.77		21228
1982		271.46		234.31		21901
1983		278.12		241.30		22814
1984		279.86		240.31		22857
1985		277.00		237.04		23151
1986		276.65		236.39		22774
1987		282.31		243.02		23706
1988		291.83		251.90		25378
1989		305.47		263.29		25932
1990		314.92		273.11		26594
1991		324.64		283.27		26451
1992		335.39		294.58		27257
1993		342.48		302.16		27648
1994		345.59		306.30		27988
1995		355.91		316.98		29001
1996		373.00		332.55		30468
1997		399.84		355.07		32215
1998		417.88		371.75		33606
1999		434.06		386.67		35242
2000		444.81		398.96		35908
2001		454.66		409.23		41329
2002		465.57		418.35		37692
2003		470.94		422.43		37741
2004		475.58		426.24		38411
2005		478.57		428.20		38871
2006		485.85		436.53		40718
2007	511.80	484.90	461.39	438.84	46286	40894
2008	522.58	488.74	474.12	443.86	46571	41505
2009	529.31	493.82	482.56	450.80	49859	42356
2010	533.71	501.21	487.20	458.18	51446	43215
2011	541.38	507.90	494.83	464.94	54048	43757
2012	454.33					
2013	458.36					
2014	469.11					

注　2006 年以前（含 2006 年）只统计灌溉机电井，2007 年以后还包括供水机电井。

Note　Before 2006 (including 2006), the statistical data only includes mechanical and electrical wells for irrigation; after 2007 it also include wells for water supply.

3-9 历年灌溉面积
Irrigated Area by Year

单位：千公顷 unit: 10³ha

年份 Year	灌溉面积 总计 Total Irrigated Area	耕地 灌溉面积 Irrigated Area of Cultivated Land	林地 Forestry	果园 Fruit Garden	牧草 Pasture Land	其他 Others	耕地 实灌面积 Actual Irrigated Area	旱涝保 收面积 Harvest Area Guaranteed in Case of Flood and Drought
1952		19335.3						
1953		22250.7						
1954		23222.7						
1955		24609.3						
1957		25004.7						
1962		28696.7						
1965		32036.0						
1972		40642.0						
1973		43810.7						
1974		45707.3						
1975		46120.7					39281.3	
1976		45463.3					40825.3	
1977		48186.7					40559.3	
1978		48053.3					41714.7	
1979		48318.7					41663.3	
1980		48888.0					39906.0	
1981		48600.0					39656.7	
1982		48663.3					40177.3	
1983		48546.0					39383.3	
1984		48400.0					39933.3	
1985		47932.7					38671.3	
1986		47872.7					39938.0	
1987		47966.7					39861.3	33349.3
1988		47980.7					41188.7	33570.7
1989		48337.3					40695.3	33994.0
1990		48389.3					41437.3	34365.3
1991		48951.3					42884.0	34720.0
1992		49464.0					43501.3	35374.0
1993		49839.3					42914.0	35631.3
1994		49938.0					43610.7	36140.0
1995		50412.7					44102.0	36636.0
1996		51160.7					44768.7	37187.3
1997		52268.7					46187.3	38102.0
1998		53400.0					47036.0	38760.7
1999		54366.0					47709.3	39375.3
2000	59341.6	55013.2	1072.8	1601.3	1001.3	653.0	47965.2	40164.3
2001	60025.4	55517.0	1136.5	1665.7	1035.9	670.1	48398.4	40532.2
2002	60753.1	55857.9	1252.0	1759.6	1194.9	660.9	48434.6	40594.9
2003	61056.1	55900.6	1468.2	1835.1	1186.7	665.5	47383.2	40852.5
2004	61511.2	56252.1	1573.3	1862.5	1185.0	638.3	47783.9	40740.6
2005	61897.9	56562.4	1636.6	1861.0	1172.0	672.5	47968.7	41337.7
2006	62559.1	57078.4	1562.1	1988.6	1201.2	728.8	49024.5	41335.0
2007	63413.5	57782.4	1598.4	2039.4	1225.5	767.8	49936.9	41745.7
2008	64119.7	58471.7	1648.9	2065.0	1214.4	719.7	50665.5	42024.9
2009	65164.6	59261.5	1774.7	2088.6	1246.9	793.0	51806.6	42358.2
2010	66352.3	60347.7	1821.9	2151.4	1257.6	773.7	52589.0	42871.5
2011	67742.9	61681.6	1899.2	2178.2	1264.7	719.2	53982.2	43383.4
2012	67782.7	62490.5	1766.8	2189.8	819.4	516.2		
2013	69481.4	63473.3	2111.3	2315.1	1059.4	522.2	53105.4	
2014	70651.7	64539.5	2228.7	2376.2	1092.4	414.8	54974.9	

3-10 历年人均耕地灌溉面积和机电灌溉占有效灌溉比重

Irrigated Area Per Capita and Proportion of Mechanical & Electrical Equipment in Effective Irrigated Area, by Year

年份 Year	人均耕地灌溉面积/亩每人 Irrigated Area Per Capita/(mu/person)		机电排灌面积占耕地灌溉面积的比重/% Proportion of Total Mechanical and Electrical Equipment in Effective Irrigated Area /%
	按总人口 Based on Total Population	按乡村人口 Based on Total Rural Population	
1950	0.45	0.54	
1951	0.49	0.58	
1952	0.50	0.59	1.6
1953	0.57	0.67	
1954	0.58	0.68	
1955	0.60	0.71	
1957	0.58	0.69	4.8
1962	0.64	0.77	
1965	0.66	0.80	25.3
1972	0.70	0.83	
1973	0.74	0.87	
1974	0.76	0.89	
1975	0.75	0.89	51.8
1976	0.79	0.93	
1977	0.76	0.90	
1978	0.75	0.89	52.7
1979	0.74	0.89	54.4
1980	0.74	0.90	54.1
1982	0.72	0.87	54.1
1983	0.71	0.87	54.3
1984	0.70	0.87	54.1
1985	0.69	0.86	54.9
1986	0.68	0.80	55.0
1987	0.67	0.84	55.7
1988	0.66	0.83	55.8
1989	0.66	0.83	55.9
1990	0.63	0.81	56.3
1991	0.64	0.82	56.1
1992	0.64	0.82	57.4
1993	0.63	0.83	57.3
1994	0.63	0.83	57.4
1995	0.62	0.82	57.7
1996	0.63	0.83	58.2
1997	0.63	0.86	58.6
1998	0.64	0.88	59.1
1999	0.65	0.86	59.2
2000	0.65	0.87	59.3
2001	0.65	0.89	59.4
2002	0.66	0.90	59.5
2003	0.65	0.89	59.6
2004	0.65	0.90	58.4
2005	0.65	0.89	66.9
2006	0.65	0.90	65.8
2007	0.66	1.19	67.0
2008	0.66	1.22	67.2
2009	0.67	1.25	67.5
2010	0.68	1.34	67.5
2011	0.69	1.41	67.2
2012	0.69	1.46	68.0
2013	0.70	1.51	—
2014	0.71	1.56	—

3-11　2014年灌溉面积（按地区分）

Irrigated Area in 2014 (by Region)

单位：千公顷   unit: 10^3ha

地区 Region		灌溉面积 总计 Total Irrigated Area	耕地 灌溉面积 Irrigated Area of Cultivated Land	林地 灌溉面积 Irrigated Area of Forest	果园 灌溉面积 Irrigated Area of Fruit Garden	牧草 灌溉面积 Irrigated Area of Pasture Land	其他 灌溉面积 Others
合　计	Total	**70651.68**	**64539.53**	**2228.72**	**2376.21**	**1092.43**	**414.79**
北　京	Beijing	237.04	143.11	50.53	38.63	1.13	3.64
天　津	Tianjin	326.62	308.87	11.49	6.26		
河　北	Hebei	4741.83	4404.22	103.48	219.20	10.15	4.78
山　西	Shanxi	1444.04	1408.17	17.81	16.76	0.43	0.87
内蒙古	Inner Mongolia	3596.94	3011.88	83.41	9.60	492.05	
辽　宁	Liaoning	1612.49	1473.97	12.40	85.63	6.23	34.26
吉　林	Jilin	1674.00	1628.43	2.63	8.40	14.01	20.52
黑龙江	Heilongjiang	5325.22	5305.20	5.83	7.62	4.88	1.70
上　海	Shanghai	321.38	184.09	97.09	21.34		18.86
江　苏	Jiangsu	4174.43	3890.53	114.29	118.12	8.85	42.64
浙　江	Zhejiang	1545.84	1425.37	29.23	68.55	0.89	21.79
安　徽	Anhui	4416.53	4331.69	32.06	46.92	1.15	4.71
福　建	Fujian	1228.50	1116.12	44.53	55.50	4.85	7.49
江　西	Jiangxi	2068.96	2001.57	16.69	45.21		5.49
山　东	Shandong	5495.15	4901.95	201.67	339.20	6.48	45.86
河　南	Henan	5220.94	5101.15	61.18	45.26	0.05	13.30
湖　北	Hubei	3090.12	2855.32	65.82	69.70	4.68	94.59
湖　南	Hunan	3197.61	3101.70	30.04	42.30	0.48	23.10
广　东	Guangdong	2066.38	1770.99	55.27	238.32		1.80
广　西	Guangxi	1665.10	1600.00	11.14	53.96		
海　南	Hainan	325.98	259.92	42.79	19.12	0.80	3.34
重　庆	Chongqing	681.45	677.26	0.03	4.16		
四　川	Sichuan	2891.52	2666.32	89.06	122.32	7.90	5.92
贵　州	Guizhou	988.28	981.83	1.70	3.30	0.08	1.37
云　南	Yunnan	1803.66	1708.97	17.53	59.32	4.36	13.49
西　藏	Tibet	452.95	244.03	30.38	29.77	143.92	4.84
陕　西	Shaanxi	1347.87	1226.49	10.17	95.14	1.46	14.61
甘　肃	Gansu	1482.74	1297.06	139.87	28.47	17.34	
青　海	Qinghai	260.53	182.49	31.47	6.84	39.72	
宁　夏	Ningxia	587.03	498.91	44.56	23.43	16.22	3.91
新　疆	Xinjiang	6380.54	4831.89	774.56	447.86	304.31	21.91

3-12　2014 年灌溉面积（按水资源分区分）

Irrigated Area in 2014 (by Water Resources Sub-region)

单位：千公顷　　　　　　　　　　　　　　　　　　　　　　　　　　　　　　　　　　unit: 10³ha

水资源 一级区	Grade- I Water Resources Region	灌溉面积 总计 Total Irrigated Area	耕地 灌溉面积 Irrigated Area of Cultivated Land	林地 灌溉面积 Irrigated Area of Forest	果园 灌溉面积 Irrigated Area of Fruit Garden	牧草 灌溉面积 Irrigated Area of Pasture Land	其他 灌溉面积 Others
合　计	**Total**	**70651.68**	**64539.53**	**2228.72**	**2376.21**	**1092.43**	**414.79**
松花江区	Songhua River	7473.07	7345.81	11.37	16.04	77.63	22.22
辽河区	Liaohe River	2936.89	2619.49	34.41	84.60	164.13	34.26
海河区	Haihe River	8086.65	7467.65	248.03	320.76	25.85	24.36
黄河区	Yellow River	5930.73	5365.72	185.24	178.02	182.39	19.36
淮河区	Huaihe River	12501.30	11796.58	237.22	401.85	7.15	58.50
长江区	Yangtze River	17688.19	16670.63	394.07	406.79	22.03	194.67
东南诸河区	Rivers in Southeast	2285.49	2075.70	68.08	114.57	5.69	21.44
珠江区	Pearl River	4662.15	4225.78	106.78	321.26	0.92	7.42
西南诸河区	Rivers in Southwest	1411.47	1156.02	35.25	65.45	144.09	10.65
西北诸河区	Rivers in Northwest	7675.75	5816.16	908.27	466.87	462.54	21.91

Agricultural Irrigation

3-13 2014年灌溉面积（按水资源分区和地区分）
Irrigated Area in 2014 (by Water Resources Sub-region and Region)

单位：千公顷   unit: 10³ha

地区 Region		灌溉面积 总计 Total Irrigated Area	耕地 灌溉面积 Irrigated Area of Cultivated Land	林地 灌溉面积 Irrigated Area of Forest	果园 灌溉面积 Irrigated Area of Fruit Garden	牧草 灌溉面积 Irrigated Area of Pasture Land	其他 灌溉面积 Others
松花江区	**Songhua River**	**7473.07**	**7345.81**	**11.37**	**16.04**	**77.63**	**22.22**
内蒙古	Inner Mongolia	583.65	521.90	2.91	0.05	58.79	
吉 林	Jilin	1564.19	1518.71	2.63	8.37	13.96	20.52
黑龙江	Heilongjiang	5325.22	5305.20	5.83	7.62	4.88	1.70
辽河区	**Liaohe River**	**2936.89**	**2619.49**	**34.41**	**84.60**	**164.13**	**34.26**
内蒙古	Inner Mongolia	1229.22	1047.20	22.18	1.99	157.85	
辽 宁	Liaoning	1597.87	1462.57	12.23	82.58	6.23	34.26
吉 林	Jilin	109.80	109.72		0.03	0.05	
海河区	**Haihe River**	**8086.65**	**7467.65**	**248.03**	**320.76**	**25.85**	**24.36**
北 京	Beijing	237.04	143.11	50.53	38.63	1.13	3.64
天 津	Tianjin	326.62	308.87	11.49	6.26		
河 北	Hebei	4741.83	4404.22	103.48	219.20	10.15	4.78
山 西	Shanxi	512.18	502.53	6.28	3.11	0.26	
内蒙古	Inner Mongolia	73.85	64.19	0.29		9.37	
辽 宁	Liaoning	14.62	11.40	0.17	3.05		
山 东	Shandong	1546.57	1421.31	68.60	43.49	4.94	8.22
河 南	Henan	633.94	612.02	7.18	7.02		7.72
黄河区	**Yellow River**	**5930.73**	**5365.72**	**185.24**	**178.02**	**182.39**	**19.36**
山 西	Shanxi	931.86	905.64	11.53	13.65	0.17	0.87
内蒙古	Inner Mongolia	1476.42	1268.30	49.40	7.12	151.60	
山 东	Shandong	341.62	313.48	7.25	20.89		
河 南	Henan	787.16	751.68	20.23	10.33	0.05	4.87
陕 西	Shaanxi	1157.12	1050.14	8.28	87.66	1.33	9.71
甘 肃	Gansu	481.08	439.71	26.23	11.29	3.84	
青 海	Qinghai	168.43	137.85	17.76	3.64	9.18	
宁 夏	Ningxia	587.03	498.91	44.56	23.43	16.22	3.91
淮河区	**Huaihe River**	**12501.30**	**11796.58**	**237.22**	**401.85**	**7.15**	**58.50**
江 苏	Jiangsu	2825.42	2669.06	71.72	59.38	5.18	20.08
安 徽	Anhui	2766.98	2713.83	10.80	41.84	0.43	0.08
山 东	Shandong	3606.96	3167.16	125.82	274.82	1.54	37.63
河 南	Henan	3301.93	3246.53	28.89	25.80		0.71

3-13 续表 continued

地区	Region	灌溉面积 总计 Total Irrigated Area	耕地 灌溉面积 Irrigated Area of Cultivated Land	林地 灌溉面积 Irrigated Area of Forest	果园 灌溉面积 Irrigated Area of Fruit Garden	牧草 灌溉面积 Irrigated Area of Pasture Land	其他 灌溉面积 Others
长江区	**Yangtze River**	**17688.19**	**16670.63**	**394.07**	**406.79**	**22.03**	**194.67**
上　海	Shanghai	321.38	184.09	97.09	21.34		18.86
江　苏	Jiangsu	1349.01	1221.47	42.57	58.74	3.67	22.56
浙　江	Zhejiang	488.86	465.80	5.68	9.48	0.05	7.84
安　徽	Anhui	1649.56	1617.86	21.27	5.08	0.72	4.63
江　西	Jiangxi	2068.96	2001.57	16.69	45.21		5.49
河　南	Henan	497.90	490.92	4.88	2.10		
湖　北	Hubei	3090.12	2855.32	65.82	69.70	4.68	94.59
湖　南	Hunan	3143.91	3049.14	30.04	41.20	0.48	23.06
广　西	Guangxi	69.03	62.66	4.16	2.21		
重　庆	Chongqing	681.45	677.26	0.03	4.16		
四　川	Sichuan	2891.52	2666.32	89.06	122.32	7.90	5.92
贵　州	Guizhou	747.47	742.60	1.70	3.09	0.08	
云　南	Yunnan	467.12	432.44	10.92	12.88	4.07	6.81
陕　西	Shaanxi	190.75	176.35	1.89	7.48	0.13	4.90
甘　肃	Gansu	31.01	26.71	2.26	1.80	0.24	
青　海	Qinghai	0.14	0.10	0.01	0.01	0.01	
东南诸河区	**Rivers in Southeast**	**2285.49**	**2075.70**	**68.08**	**114.57**	**5.69**	**21.44**
浙　江	Zhejiang	1056.99	959.58	23.55	59.07	0.84	13.95
安　徽	Anhui						
福　建	Fujian	1228.50	1116.12	44.53	55.50	4.85	7.49
珠江区	**Pearl River**	**4662.15**	**4225.78**	**106.78**	**321.26**	**0.92**	**7.42**
湖　南	Hunan	53.70	52.56		1.10		0.04
广　东	Guangdong	2066.38	1770.99	55.27	238.32		1.80
广　西	Guangxi	1596.07	1537.34	6.98	51.75		
海　南	Hainan	325.98	259.92	42.79	19.12	0.80	3.34
贵　州	Guizhou	240.81	239.23		0.21		1.37
云　南	Yunnan	379.22	365.73	1.74	10.76	0.12	0.87
西南诸河区	**Rivers in Southwest**	**1411.47**	**1156.02**	**35.25**	**65.45**	**144.09**	**10.65**
云　南	Yunnan	957.31	910.79	4.87	35.68	0.17	5.81
西　藏	Tibet	452.95	244.03	30.38	29.77	143.92	4.84
青　海	Qinghai	1.20	1.20				
西北诸河区	**Rivers in Northwest**	**7675.75**	**5816.16**	**908.27**	**466.87**	**462.54**	**21.91**
内蒙古	Inner Mongolia	233.80	110.29	8.63	0.44	114.44	
甘　肃	Gansu	970.65	830.64	111.38	15.37	13.26	
青　海	Qinghai	90.76	43.34	13.70	3.19	30.53	
新　疆	Xinjiang	6380.54	4831.89	774.56	447.86	304.31	21.91

3-14 历年耕地灌溉面积减少原因

Reasons of Decrease of Irrigated Area, by Year

单位：千公顷 unit: 10³ha

年份 Year	耕地灌溉面积 Irrigated Area of Cultivated Land		耕地灌溉面积减少原因 Reasons of Decrease of Irrigated Area					
	新增 Newly- increased	减少 Decrease	工程老化、毁损 Aging and Damage of Structures	机井报废 Abortion of Wells	建设占地 Land Occupation by Construction	长期水源不足 Long-term Insufficiency of Water Sources	退耕 Converting Farmland to Other Usage	其他 Others
2001	1169.38	665.58	306.33	10.88	112.93		48.00	187.44
2002	1251.42	901.21	325.95	12.27	197.74		141.17	224.09
2003	1226.08	1183.39	404.32	19.96	216.77		228.24	314.09
2004	1159.95	808.45	281.74	14.98	206.02		100.59	205.13
2005	1012.35	697.34	237.31	14.91	199.94		68.43	176.76
2006	1343.11	796.86	183.12		123.67	100.06	39.69	350.32
2007	1344.05	608.63	192.26		125.89	54.62	51.93	183.93
2008	1318.27	648.41	239.55		97.04	96.52	22.95	192.35
2009	1533.10	742.85	245.13		126.19	79.36	25.62	266.55
2010	1721.64	659.17	250.41		91.06	87.38	47.55	182.78
2011	2129.97	803.32	294.03		104.05	88.81	19.16	297.28
2012	2151.38	743.78	335.11		107.92	78.55	17.48	204.72
2013	1552.29	473.27	85.99		87.22	73.24	59.54	167.28
2014	1647.77	685.62	73.86		99.69	151.85	40.77	319.45

3-15　2014年耕地灌溉面积减少原因（按地区分）

Reasons of Decrease of Irrigated Area in 2014 (by Region)

单位：千公顷　　　　　　　　　　　　　　　　　　　　　　　　　　　　　　　　unit: 10³ha

地区 Region		耕地灌溉面积 Irrigated Area of Cultivated Land		耕地灌溉面积减少原因 Reasons of Decrease of Irrigated Area				
		新增 Newly- increased	减少 Decrease	工程老化、毁损 Aging and Damage of Structures	建设占地 Land Occupation by Construction	长期水源不足 Long-term Insufficiency of Water Sources	退耕 Converting Farmland to Other Usage	其他 Others
合　计	**Total**	**1647.77**	**685.62**	**73.86**	**99.69**	**151.85**	**40.77**	**319.45**
北　京	Beijing	2.24	12.16		0.05	0.44	7.84	3.83
天　津	Tianjin							
河　北	Hebei	95.71	40.52	5.48	10.93	8.36	3.35	12.40
山　西	Shanxi	52.63	27.26	2.20	0.93	2.95		21.18
内蒙古	Inner Mongolia	57.22	3.10	0.50	2.60			
辽　宁	Liaoning	84.41	18.28	2.02	8.20	6.57		1.49
吉　林	Jilin	143.25	24.95					24.95
黑龙江	Heilongjiang	109.80	146.68	3.53	0.87	29.03	0.58	112.67
上　海	Shanghai							
江　苏	Jiangsu	165.15	59.87	0.90		0.60	1.74	56.63
浙　江	Zhejiang	26.83	10.85	1.29	0.78	1.58	0.22	6.98
安　徽	Anhui	37.27	11.11	1.50		2.28	0.42	6.90
福　建	Fujian	13.45	3.92	1.94	0.29	0.69	0.01	0.99
江　西	Jiangxi	29.41	23.44	1.08		0.01	0.63	21.72
山　东	Shandong	84.96	39.94	6.86	19.27	9.44	0.82	3.55
河　南	Henan	225.40	118.19	14.08	34.05	55.50	2.67	11.89
湖　北	Hubei	93.44	29.53	4.58	7.80	17.14		
湖　南	Hunan	18.36	0.96	0.14	0.43	0.13	0.01	0.25
广　东	Guangdong	6.42	6.20	0.02				6.18
广　西	Guangxi	13.80	0.17	0.04	0.07	0.06		
海　南	Hainan	0.12	1.00				1.00	
重　庆	Chongqing	9.64	4.11	3.60	0.02	0.20		0.29
四　川	Sichuan	68.96	19.17	9.35	0.93	1.89	0.39	6.61
贵　州	Guizhou	58.67	0.61	0.44		0.15		0.02
云　南	Yunnan	63.62	14.92	4.44	4.38	1.00	2.80	2.30
西　藏	Tibet	4.83						
陕　西	Shaanxi	46.71	30.18	6.06	7.13	13.74	0.60	2.65
甘　肃	Gansu	13.88	0.90	0.45		0.08	0.03	0.34
青　海	Qinghai	0.10						
宁　夏	Ningxia	4.89	4.54	0.34			4.20	
新　疆	Xinjiang	116.63	33.08	3.02	0.97		13.46	15.63

 Agricultural Irrigation

3-16 2014年耕地灌溉面积减少原因（按水资源分区分）

Reasons of Decrease of Irrigated Area in 2014
(by Water Resources Sub-region)

单位：千公顷   unit: 10³ha

水资源一级区 Grade-Ⅰ Water Resources Sub-region	耕地灌溉面积 Irrigated Area of Cultivated Land		耕地灌溉面积减少原因 Reasons of Decrease of Irrigated Area				
	新增 Newly-increased	减少 Decrease	工程老化、毁损 Aging and Damage of Structures	建设占地 Land Occupation by Construction	长期水源不足 Long-term Insufficiency of Water Sources	退耕 Converting Farmland to Other Usage	其他 Others
合计 Total	1647.77	685.62	73.86	99.69	151.85	40.77	319.45
松花江区 Songhua River	268.09	171.60	3.53	0.87	29.03	0.58	137.59
辽河区 Liaohe River	116.04	18.31	2.02	8.20	6.57		1.52
海河区 Haihe River	157.36	87.59	11.53	21.86	17.97	11.20	25.03
黄河区 Yellow River	114.33	63.36	7.71	11.71	16.95	4.95	22.05
淮河区 Huaihe River	357.46	153.39	17.11	36.02	53.34	4.25	42.67
长江区 Yangtze River	385.03	125.25	22.59	15.98	24.64	2.69	59.35
东南诸河区 Rivers in Southeast	35.26	14.49	3.03	1.06	2.26	0.19	7.95
珠江区 Pearl River	45.43	9.07	1.19	0.42	0.17	1.01	6.28
西南诸河区 Rivers in Southwest	42.34	9.28	2.13	2.41	0.91	2.44	1.39
西北诸河区 Rivers in Northwest	126.44	33.28	3.02	1.17		13.46	15.63

82

3-17 2014 年耕地灌溉面积减少原因（按水资源分区和地区分）

Reasons of Decrease of Irrigated Area in 2014
(by Water Resources Sub-region and Region)

单位：千公顷   unit: 10³ha

地区	Region	耕地灌溉面积 Irrigated Area of Cultivated Land		耕地灌溉面积减少原因 Reasons of Decrease of Irrigated Area				
		新增 Newly-increased	减少 Decrease	工程老化、毁损 Aging and Damage of Structures	建设占地 Land Occupation by Construction	长期水源不足 Long-term Insufficiency of Water Sources	退耕 Converting Farmland to Other Usage	其他 Others
松花江区	**Songhua River**	**268.09**	**171.60**	**3.53**	**0.87**	**29.03**	**0.58**	**137.59**
内蒙古	Inner Mongolia	47.16						
吉 林	Jilin	111.13	24.92					24.92
黑龙江	Heilongjiang	109.80	146.68	3.53	0.87	29.03	0.58	112.67
辽河区	**Liaohe River**	**116.04**	**18.31**	**2.02**	**8.20**	**6.57**		**1.52**
内蒙古	Inner Mongolia	1.10						
辽 宁	Liaoning	82.82	18.28	2.02	8.20	6.57		1.49
吉 林	Jilin	32.12	0.03					0.03
海河区	**Haihe River**	**157.36**	**87.59**	**11.53**	**21.86**	**17.97**	**11.20**	**25.03**
北 京	Beijing	2.24	12.16		0.05	0.44	7.84	3.83
天 津	Tianjin							
河 北	Hebei	95.71	40.52	5.48	10.93	8.36	3.35	12.40
山 西	Shanxi	19.87	7.01	1.36	0.88	2.19		2.58
内蒙古	Inner Mongolia	0.83	0.10		0.10			
辽 宁	Liaoning	1.59						
山 东	Shandong	19.11	6.21	1.74	1.20	3.27		
河 南	Henan	18.01	21.59	2.95	8.70	3.71	0.01	6.22
黄河区	**Yellow River**	**114.33**	**63.36**	**7.71**	**11.71**	**16.95**	**4.95**	**22.05**
山 西	Shanxi	32.76	20.25	0.84	0.05	0.76		18.60
内蒙古	Inner Mongolia	4.36	2.80	0.50	2.30			
山 东	Shandong	9.41	1.46	0.02	1.42	0.01		0.01
河 南	Henan	16.33	6.06	0.52	1.40	3.16	0.19	0.79
陕 西	Shaanxi	38.64	27.36	5.04	6.54	12.94	0.53	2.31
甘 肃	Gansu	7.84	0.90	0.45		0.08	0.03	0.34
青 海	Qinghai	0.10						
宁 夏	Ningxia	4.89	4.54	0.34			4.20	
淮河区	**Huaihe River**	**397.36**	**173.81**	**19.93**	**48.94**	**54.33**	**4.42**	**46.19**
江 苏	Jiangsu	106.18	36.99	0.40		0.60	1.74	34.25
安 徽	Anhui	29.30	3.28	1.00		2.28		
山 东	Shandong	96.33	52.69	7.92	29.57	7.15	0.99	7.06
河 南	Henan	165.55	80.85	10.61	19.369	44.30	1.69	4.88

3-17 续表 continued

地区 Region		耕地灌溉面积 Irrigated Area of Cultivated Land		耕地灌溉面积减少原因 Reasons of Decrease of Irrigated Area				
		新增 Newly- increased	减少 Decrease	工程老化、毁损 Aging and Damage of Structures	建设占地 Land Occupation by Construction	长期水源不足 Long-term Insufficiency of Water Sources	退耕 Converting Farmland to Other Usage	其他 Others
长江区	**Yangtze River**	**385.03**	**125.25**	**22.59**	**15.98**	**24.64**	**2.69**	**59.35**
上 海	Shanghai							
江 苏	Jiangsu	58.97	22.89	0.50				22.39
浙 江	Zhejiang	5.02	0.28	0.20	0.01	0.01	0.04	0.02
安 徽	Anhui	7.97	7.83	0.50			0.42	6.903
江 西	Jiangxi	29.41	23.44	1.08		0.01	0.63	21.72
河 南	Henan	25.51	9.69		4.58	4.33	0.78	
湖 北	Hubei	93.44	29.53	4.58	7.80	17.14		
湖 南	Hunan	17.13	0.60	0.14	0.16	0.13	0.01	0.16
广 西	Guangxi	0.06						
重 庆	Chongqing	9.64	4.11	3.60	0.02	0.20		0.29
四 川	Sichuan	68.96	19.17	9.35	0.93	1.89	0.39	6.61
贵 州	Guizhou	43.68	0.43	0.36		0.05		0.02
云 南	Yunnan	17.19	4.48	1.26	1.89	0.08	0.35	0.90
陕 西	Shaanxi	8.07	2.82	1.02	0.59	0.80	0.07	0.34
甘 肃	Gansu							
青 海	Qinghai							
东南诸河区	**Rivers in Southeast**	**35.26**	**14.49**	**3.03**	**1.06**	**2.26**	**0.19**	**7.95**
浙 江	Zhejiang	21.81	10.57	1.09	0.77	1.57	0.18	6.96
安 徽	Anhui							
福 建	Fujian	13.45	3.92	1.94	0.29	0.69	0.01	0.99
珠江区	**Pearl River**	**45.43**	**9.07**	**1.19**	**0.42**	**0.17**	**1.01**	**6.28**
湖 南	Hunan	1.23	0.36		0.27			0.09
广 东	Guangdong	6.42	6.20	0.02				6.18
广 西	Guangxi	13.74	0.17	0.04	0.07	0.06		
海 南	Hainan	0.12	1.00				1.00	
贵 州	Guizhou	14.99	0.19	0.09		0.10		
云 南	Yunnan	8.93	1.16	1.05	0.08	0.01	0.01	0.01
西南诸河区	**Rivers in Southwest**	**42.34**	**9.28**	**2.13**	**2.41**	**0.91**	**2.44**	**1.39**
云 南	Yunnan	37.51	9.28	2.13	2.41	0.91	2.44	1.39
西 藏	Tibet	4.83						
青 海	Qinghai							
西北诸河区	**Rivers in Northwest**	**126.44**	**33.28**	**3.02**	**1.17**		**13.46**	**15.63**
内蒙古	Inner Mongolia	3.77	0.20		0.20			
甘 肃	Gansu	6.04						
青 海	Qinghai							
新 疆	Xinjiang	116.63	33.08	3.02	0.97		13.46	15.63

3-18 历年机电灌溉面积

Lifting Irrigated Area by Year

单位：千公顷   unit: 10³ha

年份 Year	机电排灌 面积 Irrigated and Drainage Area with Mechanical and Electrical Equipment	机电提灌 面积合计 Total Lifting Irrigated Area	#机电井 Mechanical and Electrical Well	固定站 Fixed Station	流动机 Mobile Equipment	纯排面积 Drainage Area Only
1951	285.33					
1952	317.33					
1953	349.33					
1954	396.00					
1955	529.33					
1956	786.00					
1957	1202.00					
1961	4932.67					
1962	6135.33					
1963	5474.00					
1964	6246.00					
1965	8093.33					
1970	14992.00					
1971	16063.33					
1972	19549.33					
1973	21976.00					
1974	24588.67					
1975		23908.00				
1976	28850.67					
1977	28778.67					
1978	30368.00	25335.33				
1979		26305.33				
1980		26440.00				
1982		26316.00				
1983		26302.67				
1984		26182.67				
1985		26298.00				
1986		26346.00				
1987	30763.33	26729.33	11087.33			
1988	30729.33	26728.67	11216.67			
1989	31032.00	27038.00	11435.33			
1990	31225.33	27235.33	11739.33			
1991	31489.33	27449.33	12111.33			
1992	32496.00	28379.33	12253.33			
1993	32596.00	28550.00	12487.33			
1994	32739.33	28642.00	12526.00			
1995	33274.00	29070.00	12789.33			
1996	34005.33	29751.33	13358.00			
1997	34915.33	30654.00	14131.33			
1998	35874.00	31570.00	14702.67			
1999	36554.00	32191.33	15000.67			
2000	36854.65	32617.80	15127.02	12203.14	3637.82	4236.85
2001	37107.41	33004.01	16309.19	12330.34	3630.53	4103.40
2002	37323.30	33209.58	16411.35	12312.55	3636.75	4113.73
2003	37354.03	33294.28	16512.60	12259.25	3596.13	4059.76
2004	36978.56	32873.33	16936.66	12205.17	3598.49	4105.13
2005	37867.51	33516.94	17046.12	12062.57	3515.88	4349.34
2006	37563.34	33091.40	16798.61	11350.62	2736.21	4471.94
2007	38715.60	34264.86	16893.65	11409.77	3131.62	4450.74
2008	39277.47	34659.23	17163.39	11152.60	3157.11	4618.25
2009	40016.33	35580.95	17480.25	11360.22	3199.92	4435.39
2010	40750.57	36400.59	17807.31	11414.81	3261.04	4349.98
2011	41464.71	37079.32	18249.96	11404.50	3322.12	4385.39
2012	42491.40	38151.53	18474.24	11637.42	3294.36	4340.71

 Agricultural Irrigation

3-19 历年节水灌溉面积
Water-saving Irrigated Area by Year

单位：千公顷   unit: 10³ha

年份 Year	节水灌溉 面积合计 Total Area of Water-saving Irrigation	喷灌 Sprinkler	微灌 Micro-irrigation	低压管灌 Low-pressure Pipe Irrigation	渠道防渗 Canal Lining	其他 Others
1998	15235.33					
1999	15051.06					
2000	16388.86	2131.40	152.58	3567.92	6361.33	4175.63
2001	17446.38	2364.21	215.39	3903.69	6925.30	4037.79
2002	18627.05	2473.21	278.76	4156.77	7570.88	4147.42
2003	19442.80	2633.67	371.10	4476.17	8071.47	3890.39
2004	20346.23	2674.83	479.64	4706.29	8561.95	3923.53
2005	21338.15	2746.28	621.76	4991.84	9133.16	3845.12
2006	22425.96	2823.84	754.89	5263.75	9593.65	3989.83
2007	23489.46	2876.47	976.98	5573.92	10058.12	4003.97
2008	24435.52	2821.18	1249.62	5873.00	10447.73	4044.00
2009	25755.11	2926.71	1669.27	6249.36	11166.07	3743.71
2010	27313.87	3025.44	2115.68	6680.04	11580.30	3912.41
2011	29179.47	3181.79	2613.94	7130.37	12175.04	4078.33
2012	31216.69	3373.48	3226.29	7526.03	12823.39	4264.34

年份 Year	节水灌溉 面积合计 Total Area of Water-saving Irrigation	喷灌 Sprinkler	微灌 Micro-irrigation	低压管灌 Low-pressure Pipe Irrigation	其他 Others	
2013	27108.62	2990.62	3856.54	7424.25	12837.2	
2014	29018.76	3161.96	4681.50	8271.03	12904.3	

3-20 2014年节水灌溉面积（按地区分）

Water-saving Irrigated Area in 2014 (by Region)

单位：千公顷   unit: 10³ha

地区 Region		节水灌溉 面积合计 Total Area of Water-saving Irrigation	喷灌 Sprinkler	微灌 Micro-irrigation	低压管灌 Low-pressure Pipe Irrigation
合 计	**Total**	**29018.76**	**3161.96**	**4681.50**	**8271.03**
北 京	Beijing	193.94	37.22	12.61	130.83
天 津	Tianjin	191.67	4.36	2.64	133.62
河 北	Hebei	3023.95	161.80	84.51	2361.09
山 西	Shanxi	857.52	72.99	38.14	522.88
内蒙古	Inner Mongolia	2279.35	454.33	458.92	539.24
辽 宁	Liaoning	728.27	135.98	308.41	149.31
吉 林	Jilin	501.35	260.99	94.31	114.81
黑龙江	Heilongjiang	1436.12	1143.95	126.39	9.12
上 海	Shanghai	139.96	3.44	0.84	65.38
江 苏	Jiangsu	2189.54	50.64	43.46	264.20
浙 江	Zhejiang	1074.33	42.19	34.59	66.00
安 徽	Anhui	862.19	91.56	14.22	47.03
福 建	Fujian	649.89	120.91	37.74	122.33
江 西	Jiangxi	466.51	17.72	29.18	22.97
山 东	Shandong	2770.15	135.32	63.65	1781.77
河 南	Henan	1475.31	123.90	27.30	847.58
湖 北	Hubei	342.05	91.03	74.40	176.62
湖 南	Hunan	336.08	3.54	0.84	7.87
广 东	Guangdong	279.78	8.51	6.22	20.89
广 西	Guangxi	879.64	24.54	31.43	33.27
海 南	Hainan	82.64	6.34	12.84	24.06
重 庆	Chongqing	191.77	12.07	1.79	37.71
四 川	Sichuan	1472.11	9.37	14.41	54.90
贵 州	Guizhou	307.67	21.81	18.97	67.10
云 南	Yunnan	681.12	12.59	16.28	90.32
西 藏	Tibet	64.36			38.21
陕 西	Shaanxi	850.62	27.50	34.16	270.79
甘 肃	Gansu	837.02	18.86	119.43	120.89
青 海	Qinghai	116.34	2.20	3.35	13.88
宁 夏	Ningxia	275.92	27.54	68.02	31.25
新 疆	Xinjiang	3461.59	38.76	2902.45	105.12

3-21   2014年节水灌溉面积（按水资源分区分）
Water-saving Irrigated Area in 2014(by Water Resources Sub-region)

单位：千公顷
unit: 10³ha

水资源 一级区	Grade-Ⅰ Water Resources Sub-region	节水灌溉 面积合计 Total Area of Water-saving Irrigation	喷灌 Sprinkler	微灌 Micro-irrigation	低压管灌 Low-pressure Pipe Irrigation
合　计	**Total**	**29018.76**	**3161.96**	**4681.50**	**8271.03**
松花江区	Songhua River	2277.80	1608.10	258.02	195.57
辽河区	Liaohe River	1396.06	194.78	586.68	396.29
海河区	Haihe River	4741.02	289.11	150.22	3344.64
黄河区	Yellow River	3641.11	242.30	229.82	1250.28
淮河区	Huaihe River	4619.64	302.81	74.68	1850.61
长江区	Yangtze River	5051.93	223.02	198.21	652.46
其中：太湖流域	Among Which: Taihu Lake	501.43	11.08	8.40	113.33
东南诸河区	Rivers in Southeast	1367.93	155.50	64.77	140.61
珠江区	Pearl River	1450.55	54.28	61.03	127.91
西南诸河区	Rivers in Southwest	356.84	4.34	5.12	71.61
西北诸河区	Rivers in Northwest	4115.87	87.73	3052.96	241.04

3-22 2014年节水灌溉面积（按水资源分区和地区分）

Water-saving Irrigated Area in 2014
(by Water Resources Sub-region and Region)

单位：千公顷   unit: 10³ha

地区 Region		节水灌溉 面积合计 Total Area of Water-saving Irrigation	喷灌 Sprinkler	微灌 Micro-irrigation	低压管灌 Low-pressure Pipe Irrigation
松花江区	**Songhua River**	**2277.80**	**1608.10**	**258.02**	**195.57**
内蒙古	Inner Mongolia	369.25	217.23	37.64	86.17
吉 林	Jilin	472.43	246.92	93.99	100.28
黑龙江	Heilongjiang	1436.12	1143.95	126.39	9.12
辽河区	**Liaohe River**	**1396.06**	**194.78**	**586.68**	**396.29**
内蒙古	Inner Mongolia	648.97	44.91	282.29	238.02
辽 宁	Liaoning	718.17	135.80	304.06	143.74
吉 林	Jilin	28.92	14.07	0.32	14.53
海河区	**Haihe River**	**4741.02**	**289.11**	**150.22**	**3344.64**
北 京	Beijing	193.94	37.22	12.61	130.83
天 津	Tianjin	191.67	4.36	2.64	133.62
河 北	Hebei	3023.95	161.80	84.51	2361.09
山 西	Shanxi	298.83	21.86	14.12	174.16
内蒙古	Inner Mongolia	68.97	40.34	15.46	9.93
辽 宁	Liaoning	10.10	0.18	4.35	5.57
山 东	Shandong	592.62	8.31	7.50	318.31
河 南	Henan	360.94	15.04	9.03	211.14
黄河区	**Yellow River**	**3641.11**	**242.30**	**229.82**	**1250.28**
山 西	Shanxi	558.69	51.13	24.02	348.72
内蒙古	Inner Mongolia	1033.79	106.20	68.18	155.56
山 东	Shandong	259.80	9.47	7.52	199.48
河 南	Henan	345.82	8.40	5.52	208.83
陕 西	Shaanxi	737.50	23.46	31.23	261.10
甘 肃	Gansu	335.08	15.16	24.57	34.43
青 海	Qinghai	94.51	0.95	0.77	10.93
宁 夏	Ningxia	275.92	27.54	68.02	31.25
淮河区	**Huaihe River**	**5750.55**	**345.33**	**105.91**	**2641.45**
江 苏	Jiangsu	1437.09	18.60	13.43	189.16
安 徽	Anhui	651.82	74.81	5.38	35.01
山 东	Shandong	3048.64	160.06	79.86	2054.82
河 南	Henan	613.00	91.85	7.24	362.46

3-22 续表 continued

地区	Region	节水灌溉 面积合计 Total Area of Water-saving Irrigation	喷灌 Sprinkler	微灌 Micro-irrigation	低压管灌 Low-pressure Pipe Irrigation
长江区	**Yangtze River**	**5051.93**	**223.02**	**198.21**	**652.46**
上　海	Shanghai	139.96	3.44	0.84	65.38
江　苏	Jiangsu	752.45	32.04	30.03	75.03
浙　江	Zhejiang	356.29	7.61	7.56	47.72
安　徽	Anhui	210.37	16.75	8.84	12.02
江　西	Jiangxi	466.51	17.72	29.18	22.97
河　南	Henan	155.55	8.61	5.52	65.16
湖　北	Hubei	342.05	91.03	74.40	176.62
湖　南	Hunan	329.66	3.29	0.48	6.96
广　西	Guangxi	27.50	0.07	0.15	0.18
重　庆	Chongqing	191.77	12.07	1.79	37.71
四　川	Sichuan	1472.11	9.37	14.41	54.90
贵　州	Guizhou	242.64	8.49	10.72	52.70
云　南	Yunnan	224.35	6.87	9.07	22.62
陕　西	Shaanxi	113.12	4.04	2.93	9.69
甘　肃	Gansu	27.51	1.63	2.28	2.70
青　海	Qinghai	0.10			0.10
东南诸河区	**Rivers in Southeast**	**1367.93**	**155.50**	**64.77**	**140.61**
浙　江	Zhejiang	718.04	34.58	27.03	18.28
安　徽	Anhui				
福　建	Fujian	649.89	120.91	37.74	122.33
珠江区	**Pearl River**	**1450.55**	**54.28**	**61.03**	**127.91**
湖　南	Hunan	6.42	0.25	0.36	0.91
广　东	Guangdong	279.78	8.51	6.22	20.89
广　西	Guangxi	852.14	24.47	31.28	33.09
海　南	Hainan	82.64	6.34	12.84	24.06
贵　州	Guizhou	65.03	13.32	8.24	14.40
云　南	Yunnan	164.54	1.38	2.09	34.55
西南诸河区	**Rivers in Southwest**	**356.84**	**4.34**	**5.12**	**71.61**
云　南	Yunnan	292.23	4.34	5.12	33.16
西　藏	Tibet	64.36			38.21
青　海	Qinghai	0.25			0.25
西北诸河区	**Rivers in Northwest**	**4115.87**	**87.73**	**3052.96**	**241.04**
内蒙古	Inner Mongolia	158.37	45.65	55.35	49.56
甘　肃	Gansu	474.43	2.07	92.58	83.76
青　海	Qinghai	21.48	1.25	2.58	2.60
新　疆	Xinjiang	3461.59	38.76	2902.45	105.12

主要统计指标解释

万亩以上灌区处数　在蓄水、引水、提水等灌溉工程中，灌溉设备齐全、渠系配套完整，自成灌溉体系，有统一管理的灌溉区域的数量。

灌溉面积　一个地区当年农、林、牧等灌溉面积的总和。总灌溉面积=耕地灌溉面积+林地灌溉面积+果园灌溉面积+牧草灌溉面积+其他灌溉面积。

耕地灌溉面积　灌溉工程或设备已基本配套，有一定水源，土地比较平整，在一般年景可以进行正常灌溉的农田或耕地灌溉面积。

耕地实灌面积　利用灌溉工程和设施，在耕地灌溉面积中当年实际已进行正常（灌水一次以上）灌溉的耕地面积。在同一亩耕地上，报告期内无论灌水几次，都应按一亩计算，而不应按灌溉亩次计算。凡是肩挑、人抬、马拉抗旱点种的面积，一律不算实灌面积。耕地实灌面积不大于耕地灌溉面积。

机电排灌面积　由固定站、流动站、机电井、喷灌机械等所有机械、电动力设备进行排水、灌溉的耕地面积。其中，只要有固定的机械排灌的设施，能够进行正常排灌，不论当年是否进行排灌，都应统计为机电排灌面积（含灌排结合面积）。

旱涝保收面积　耕地灌溉面积中，遇旱能灌，遇涝能排的面积。灌溉设施的抗旱能力，按各地不同情况，应达到30～50天；适宜发展双季稻的地方，应达到50～70天。除涝达到5年一遇以上标准，防洪一般达到20年一遇标准的耕地灌溉面积。

农田排灌机械保有量　机、电动力抽水设备提水灌溉和排水统称排灌机械。排灌机械按使用动力分为电动与内燃机。按工程设施分为固定机电排灌站、流动机电排灌、喷滴灌机电排灌及机电井机电排灌4类。

固定机电排灌站处数　以江河、湖泊、水库、渠道等地面水为水源，在固定地点建设的以电动机、柴油机、汽油机等为动力带动水泵抽水灌溉、排水，并已发挥效益的灌溉站、排水站、排灌站的数量。

固定机电排灌站装机容量　等于电动机排灌站装机容量与内燃机排灌站装机容量之和。

机电井眼数　安装柴油机、汽油机、电动机或其他动力机械带动水泵抽取地下水灌溉耕地、牧草地，包括已装机配套的和待装机配套的水井眼数。

配套机电井眼数　已经安装机电提水设备（包括线路）可以进行正常灌溉的机电井眼数。在几眼井上使用一台设备，但能适时灌溉的和一机多用而主要用于机、电井的，均应视为"已配套机电井"。包括由于提水设备或机井本身损坏待修理，暂时不能用的"已配套机电井"。

机电井装机容量　水利工程机组设备的容量，以机组铭牌的容量为准，包括停机检修和事故备用容量。

配套机电井装机容量　包括机配井装机容量与电配井装机容量之和。

流动机装机容量　等于电动机装机容量与内燃机装机容量之和。

喷滴灌装机容量　用于喷滴灌技术灌溉农用地的喷滴灌使用的机械动力数，只统计喷滴灌机的动力，不包括给喷滴灌机输入、送水源的动力。

Explanatory Notes of Main Statistical Indicators

Number of irrigation district with an area above 10,000 mu Total number of districts above 10,000 mu designed for irrigation purpose and having complete irrigation facilities and sub-canal systems, as self-established irrigation system under unified management, and located in the irrigation schemes for water storage, diversion or lifting.

Irrigated area The sum of irrigated areas for agriculture, forest, pasture and grassland in a particular region. The total irrigated area is equal to the sum of irrigated areas of cultivated land (arable land), forest, fruit garden or orchard, grassland and others. Irrigated areas in the current year mean the total irrigated areas at the end of the year.

Irrigated areas of cultivated land It refers to farmland or cultivated land installed with irrigation facilities and having water source and relatively leveled land, which is being irrigated in normal years.

Actual irrigated area It refers to the area being irrigated (once or more than once) in the statistical year, with irrigation system or facilities. No matter how many times of irrigation is made in the same area of land within report period, it is all counted as one mu. The areas irrigated by means of people or animal carrying water for drought-relief are not included. Actual irrigated area equals to or less than the irrigated area of cultivated land.

Irrigated and drainage areas with mechanical and electrical equipment The areas are drained or irrigated by electrical and mechanical facilities, including fixed or movable irrigation and drainage facilities, electromechanical wells and sprinklers. No matter farmland is irrigated in the statistical year or not, if fixed irrigation facilities are placed, the area should be included (including area for both irrigation and drainage).

Harveat-guaranteed area in case of flood and drought It refers to farmland that can be irrigated in drought season or drained in flood season. The irrigation facility should be able to release drought for 30-50 days based on local conditions in different regions; and release drought for 50-70 days in paddy fields suit for double cropping Waterlogging control in the irrigated areas should reach the standard of once in five years return period and flood control should reach the standard of once in twenty years return period.

Registered machinery and equipment for Irrigation and Drainage It refers to machinery and equipment driven by mechanical or electrical power for pumping or lifting. According to the source of power, they are divided into electrical power and internal combustion engine. It is also grouped into four types: fixed electric-mechanical irrigation and drainage station, mobile electric-mechanical irrigation and drainage facility, sprinkler and drip, and borehole and tube wells or electric-mechanical wells.

Number of fixed irrigation and drainage stations The total of irrigation and drainage stations that already generate benefits, use surface water such as river, lake, reservoir and canal as sources for pumping water, and are equipped with electric motor, diesel or gasoline engine in a fixed place for irrigation and drainage.

Installed capacity of fixed irrigation and drainage station Sum of installed capacity of fixed electric-mechanical irrigation and drainage station and fixed irrigation and drainage facilities empowered by diesel engine.

Number of mechanical and electrical wells The total number of boreholes and tube wells with installed counterpart facilities or shall be installed according to the plan, which use diesel or gasoline engine, electric motor or other power machines to pump or lift water for irrigation of farmlands and pasture lands.

Number of counterpart mechanical and electric wells Boreholes and tube wells, installed with pumping facilities (including lines), can be used for irrigation; It also includes wells that share one pump but can ensure timely irrigation and temporarily unused wells because of damage and waiting for repair.

Installed capacity of mechanical and electric wells Installed capacity of electric-mechanical equipment based on brand instruction, including repair or overhaul and accident spare capacity.

Installed capacity of counterpart mechanical and electric wells Total of installed capacity of wells equipped with mechanical equipment and installed capacity of wells equipped by electrical equipment.

Installed capacity of mobile equipment Total of installed capacity of electrical motors and installed capacity of internal combustion engines.

Installed capacity of sprinkler and drip It refers to the installed capacity of sprinklers and drips, but excludes the power for conveying water to sprinkler and drip systems.

4 供用水

Water Supply and Water Use

简 要 说 明

供用水统计资料主要包括水利工程设施供水及农村饮水安全等。

供用水量及饮水安全情况按水资源一级分区和地区分组。

1. 供水按受水区分地表水源、地下水源和其他水源统计。

2. 蓄水工程、引水工程、机电井工程与泵站工程供水量统计范围为水利系统管理的工程。

3. 农村饮水安全人口统计范围只限于农村，2004 年及以前年份统计"解决饮水困难人口"指标，2005 年后统计"饮水安全人口"指标。

4. 供水量历史资料汇总 1997 年至今历史数据；饮水安全情况汇总 1975 年至今数据。

Brief Introduction

Statistical data of water supply and utilization mainly covers comsumption and water supply utilities as well as status of drinking water safety in rural areas.

Quantity of water supply and safety condition of drinking water is classified in accordance with Grade-I water resources region and region.

1. Water supply is grouped based on sources of water-receiving areas, like surface water, groundwater or others.

2. Statistical data of water supply only includes storage works, water diversion canals and electro-mechanical wells and pumping stations operated by the organs under the Ministry of Water Resources.

3. Statistical data of population access to safe drinking water is only limited to rural areas. Index of "population with drinking water" is used in 2004 and before; the index of "population with safe drinking water" is used in 2005 and after.

4. Historical data of volume of water supply is collected from 1997 until present, data of safe drinking water is collected from 1975 until present.

4-1　历年供用水量

Water Supply and Water Use, by Year

单位：亿立方米　　　　　　　　　　　　　　　　　　　　　　　　　　　　　　unit: $10^8 m^3$

年份 Year	供水量 合计 Total Water Supply	地表水 Surface Water	地下水 Ground- water	其他 Others	用水量 合计 Total Water Use	农业 Agricultural	工业 Industrial	生活 Domestic	生态 Ecological
1999	5613.3	4514.2	1074.6	24.5	5590.9	3869.2	1159.0	562.8	
2000	5530.7	4440.4	1069.2	21.1	5497.6	3783.5	1139.1	574.9	
2001	5567.4	4450.7	1094.9	21.9	5567.4	3825.7	1141.8	599.9	
2002	5497.3	4404.4	1072.4	20.5	5497.3	3736.2	1142.4	618.7	
2003	5320.4	4286.0	1018.1	16.3	5320.4	3432.8	1177.2	630.9	79.5
2004	5547.8	4504.2	1026.4	17.2	5547.8	3585.7	1228.9	651.2	82.0
2005	5633.0	4572.2	1038.8	22.0	5633.0	3580.0	1285.2	675.1	92.7
2006	5795.0	4706.8	1065.5	22.7	5795.0	3664.4	1343.8	693.8	93.0
2007	5818.7	4723.5	1069.5	25.7	5818.7	3598.5	1404.1	710.4	105.7
2008	5909.9	4796.4	1084.8	28.7	5909.9	3663.4	1397.1	729.2	120.2
2009	5965.2	4839.5	1094.5	31.2	5965.2	3723.1	1390.9	748.2	103.0
2010	6022.0	4881.6	1107.3	33.1	6022.0	3689.1	1447.3	765.8	119.8
2011	6107.2	4953.3	1109.1	44.8	6107.2	3743.6	1461.8	789.9	111.9
2012	6131.2	4952.8	1133.8	44.6	6131.2	3902.5	1380.7	739.7	108.3
2013	6183.4	5007.3	1126.2	49.9	6183.4	3921.5	1406.4	750.1	105.4
2014	6094.9	4920.5	1116.9	57.5	6094.9	3869.0	1356.1	766.6	103.2

4-2 2014年供用水量（按地区分）

Water Supply and Water Use in 2014 (by Region)

单位：亿立方米   unit: $10^8 m^3$

地区 Region		供水量				用水量				
		合计 Total Water Supply	地表水 Surface Water	地下水 Ground- water	其他 Others	合计 Total Water Use	农业 Agricultural	工业 Industrial	生活 Domestic	生态 Ecological
合　计	Total	6094.9	4920.5	1116.9	57.5	6094.9	3869.0	1356.1	766.6	103.2
北　京	Beijing	37.5	9.3	19.6	8.6	37.5	8.2	5.1	17.0	7.2
天　津	Tianjin	24.1	15.9	5.3	2.8	24.1	11.7	5.4	5.0	2.1
河　北	Hebei	192.8	46.8	142.1	4.0	192.8	139.2	24.5	24.1	5.1
山　西	Shanxi	71.4	32.8	35.1	3.5	71.4	41.5	14.2	12.2	3.4
内蒙古	Inner Mongolia	182.0	89.1	90.8	2.2	182.0	137.5	19.7	10.5	14.3
辽　宁	Liaoning	141.8	80.0	58.4	3.3	141.8	89.6	22.8	24.4	4.9
吉　林	Jilin	133.0	87.5	44.9	0.6	133.0	89.8	26.8	12.8	3.6
黑龙江	Heilongjiang	364.1	196.3	167.6	0.2	364.1	316.1	29.0	17.7	1.3
上　海	Shanghai	105.9	105.9	0.1		105.9	14.6	66.2	24.4	0.8
江　苏	Jiangsu	591.3	574.7	9.7	6.9	591.3	297.8	238.0	52.8	2.7
浙　江	Zhejiang	192.9	189.7	2.2	0.9	192.9	88.2	55.7	43.8	5.2
安　徽	Anhui	272.1	239.9	30.3	1.8	272.1	142.8	92.7	31.9	4.7
福　建	Fujian	205.6	198.5	6.5	0.7	205.6	95.6	75.3	31.5	3.2
江　西	Jiangxi	259.3	248.3	9.1	2.0	259.3	168.6	61.3	27.4	2.1
山　东	Shandong	214.5	121.3	86.0	7.3	214.5	146.7	28.6	33.4	5.8
河　南	Henan	209.3	88.6	119.4	1.3	209.3	117.6	52.6	33.4	5.7
湖　北	Hubei	288.3	279.1	9.2		288.3	156.9	90.2	40.7	0.6
湖　南	Hunan	332.4	314.6	17.8		332.4	200.2	87.7	41.8	2.7
广　东	Guangdong	442.5	425.5	15.3	1.7	442.5	224.3	117.0	96.1	5.1
广　西	Guangxi	307.6	295.2	11.6	0.8	307.6	209.2	56.8	39.2	2.4
海　南	Hainan	45.0	41.9	3.0	0.1	45.0	33.4	3.9	7.5	0.2
重　庆	Chongqing	80.5	78.9	1.5	0.1	80.5	23.7	36.7	19.1	0.9
四　川	Sichuan	236.9	217.9	17.3	1.7	236.9	145.4	44.7	42.5	4.2
贵　州	Guizhou	95.3	90.9	2.8	1.7	95.3	50.4	27.7	16.6	0.7
云　南	Yunnan	149.4	142.5	5.8	1.1	149.4	103.3	24.6	19.5	2.0
西　藏	Tibet	30.5	26.7	3.8		30.5	27.7	1.7	1.1	
陕　西	Shaanxi	89.8	55.2	33.3	1.3	89.8	57.9	14.0	15.4	2.5
甘　肃	Gansu	120.6	90.9	28.1	1.6	120.6	97.8	12.8	8.2	1.8
青　海	Qinghai	26.3	22.6	3.6	0.1	26.3	21.0	2.4	2.5	0.4
宁　夏	Ningxia	70.3	64.7	5.5	0.2	70.3	61.3	5.0	1.7	2.3
新　疆	Xinjiang	581.8	449.4	131.4	1.1	581.8	551.0	13.3	12.3	5.3

供用水

4-3 2014年供用水量（按水资源分区分）

Water Supply and Water Use in 2014 (by Water Resources Sub-region)

单位：亿立方米   unit: $10^8 m^3$

水资源 一级区	Grade- I Water Resources Sub-region	供水量				用水量				
		合计 Total Water Supply	地表水 Surface Water	地下水 Ground- water	其他 Others	合计 Total Water Use	农业 Agricultural	工业 Industrial	生活 Domestic	生态 Ecological
合 计	Total	6094.9	4920.5	1116.9	57.5	6094.9	3869.0	1356.1	766.6	103.2
松花江区	Songhua River	507.9	288.5	218.6	0.9	507.9	414.7	54.7	29.8	8.8
辽河区	Liaohe River	204.8	97.7	103.7	3.4	204.8	135.7	32.6	30.2	6.3
海河区	Haihe River	370.4	132.9	219.7	17.8	370.4	239.5	54.0	59.3	17.6
黄河区	Yellow River	387.5	254.6	124.7	8.2	387.5	274.5	58.6	43.1	11.3
淮河区	Huaihe River	617.4	452.6	156.4	8.3	617.4	421.0	105.9	81.2	9.3
长江区	Yangtze River	2012.7	1919.7	81.3	11.7	2012.7	1002.6	708.2	282.2	19.7
其中：太湖流域	Among Which: Taihu Lake	343.5	338.2	0.3	5.0	343.5	81.9	206.6	52.8	2.3
东南诸河区	Rivers in Southeast	336.5	326.9	8.3	1.4	336.5	150.2	115.1	63.9	7.3
珠江区	Pearl River	861.6	824.6	33.1	3.9	861.6	504.6	196.1	152.6	8.3
西南诸河区	Rivers in Southwest	103.8	98.7	5.0	0.1	103.8	84.6	10.0	8.6	0.7
西北诸河区	Rivers in Northwest	692.2	524.4	166.3	1.6	692.2	641.5	21.0	15.8	13.8

97

4-4　历年解决农村人口和牲畜饮水情况
Drinking Water for Rural Population and Livestock, by Year

年份 Year	累计解决的数量 Accumulated Number Access to Drinking Water			饮水安全 总人口		新增饮水安全 达标人口
	人数 /万人 Population /10⁴persons	#新解决 Population with Safe Drinking Water	牲畜 /万头 Livestock /10⁴head	/万人 Total Population with Safe Drinking Water /10⁴persons	#只达到基本 安全人口 Population with Fairly Safe Drinking Water	/万人 Newly-increased Population with Safe Drinking Water /10⁴persons
1977	3431		1701			
1978	3796		1995			
1979	4005		2096			
1980	5294		3092			
1981	5792		3390			
1982	6382		3597			
1983	6660		3991			
1984	7673		4319			
1985	8467		4609			
1986	9390		5576			
1987	10571		6213			
1988	11487		6756			
1989	12314		7303			
1990	13278		7906			
1991	14024		8355			
1992	15148		8917			
1993	15907		9377			
1994	16499		9793			
1995	17353		10360			
1996	18353		10654			
1997	19611		12220			
1998	20886		13357			
1999	21674		14557			
2000	22520		14698			
2001	23813		15509			
2002	26373		17131			
2003	28189		18214			
2004	29662	1473	19094			
2005	30355	701		61836		1104
2006				55939		2945
2007				58339	27659	4468
2008				62329	28287	5378
2009				62721	25149	7295
2010				67070	26082	6717
2011				70305	25563	6397
2012				74942	24715	7294
2013				80650		5696
2014				86230		5581

4-5 2014 年农村饮水安全人口（按地区分）

Rural Population with Safe Drinking Water in 2014 (by Region)

单位：万人

unit: 10⁴persons

地区	Region	饮水安全总人口 Total Population with Safe Drinking Water	新增饮水安全 达标人口 Newly-increased Population with Safe Drinking Water
合　计	**Total**	**86230**	**5581**
北　京	Beijing	739	
天　津	Tianjin	360	
河　北	Hebei	5197	307
山　西	Shanxi	2443	58
内蒙古	Inner Mongolia	1836	80
辽　宁	Liaoning	2388	106
吉　林	Jilin	1501	64
黑龙江	Heilongjiang	2095	146
上　海	Shanghai	36	
江　苏	Jiangsu	4646	167
浙　江	Zhejiang	2991	31
安　徽	Anhui	5013	392
福　建	Fujian	1979	267
江　西	Jiangxi	1565	111
山　东	Shandong	7011	383
河　南	Henan	6452	695
湖　北	Hubei	2785	306
湖　南	Hunan	5195	561
广　东	Guangdong	5494	2
广　西	Guangxi	3915	346
海　南	Hainan	405	30
重　庆	Chongqing	2023	225
四　川	Sichuan	6396	171
贵　州	Guizhou	3133	308
云　南	Yunnan	3474	271
西　藏	Tibet	173	22
陕　西	Shaanxi	2839	202
甘　肃	Gansu	2012	206
青　海	Qinghai	380	23
宁　夏	Ningxia	420	34
新　疆	Xinjiang	1331	65

4-6　2014年农村饮水安全人口（按水资源分区分）

Rural Population with Safe Drinking Water in 2014
(by Water Resources Sub-region)

单位：万人 　　　　　　　　　　　　　　　　　　　　　　　　　　　　unit: 10⁴persons

水资源 一级区	Grade-Ⅰ Water Resources Sub-region	饮水安全总人口 Total Population with Safe Drinking Water	新增饮水安全 达标人口 Newly-increased Population with Safe Drinking Water
合　计	**Total**	**86230**	**5581**
松花江区	Songhua River	3860	209
辽河区	Liaohe River	3009	107
海河区	Haihe River	9247	469
黄河区	Yellow River	8459	536
淮河区	Huaihe River	14766	1207
长江区	Yangtze River	27933	2004
东南诸河区	Rivers in Southeast	4254	283
珠江区	Pearl River	11257	531
西南诸河区	Rivers in Southwest	1587	123
西北诸河区	Rivers in Northwest	1860	111

4-7 2014 年农村饮水安全人口（按水资源分区和地区分）

Rural Population with Safe Drinking Water in 2014
(by Water Resources Sub-region and Region)

单位：万人　　　　　　　　　　　　　　　　　　　　　　　　　　　　　　　unit: 10^{4}persons

地区	Region	饮水安全总人口 Total Population with Safe Drinking Water	新增饮水安全 达标人口 Newly-increased Population with Safe Drinking Water
松花江区	**Songhua River**	**3860**	**209**
内蒙古	Inner Mongolia	324	
吉　林	Jilin	1441	63
黑龙江	Heilongjiang	2095	146
辽河区	**Liaohe River**	**3009**	**107**
内蒙古	Inner Mongolia	593	
辽　宁	Liaoning	2356	106
吉　林	Jilin	60	1
海河区	**Haihe River**	**9247**	**469**
北　京	Beijing	739	
天　津	Tianjin	360	
河　北	Hebei	5197	307
山　西	Shanxi	788	21
内蒙古	Inner Mongolia	66	
辽　宁	Liaoning	33	
山　东	Shandong	1275	77
河　南	Henan	788	64
黄河区	**Yellow River**	**8459**	**536**
山　西	Shanxi	1655	37
内蒙古	Inner Mongolia	702	80
山　东	Shandong	567	2
河　南	Henan	1299	108
陕　西	Shaanxi	2104	123
甘　肃	Gansu	1385	137
青　海	Qinghai	327	14
宁　夏	Ningxia	420	34
淮河区	**Huaihe River**	**14766**	**1207**
江　苏	Jiangsu	2884	167
安　徽	Anhui	3215	264
山　东	Shandong	5169	304
河　南	Henan	3498	472

4-7 续表 continued

地区	Region	饮水安全总人口 Total Population with Safe Drinking Water	新增饮水安全达标人口 Newly-increased Population with Safe Drinking Water
长江区	**Yangtze River**	**27933**	**2004**
上 海	Shanghai	36	
江 苏	Jiangsu	1762	
浙 江	Zhejiang	716	15
安 徽	Anhui	1798	128
江 西	Jiangxi	1565	111
河 南	Henan	867	51
湖 北	Hubei	2785	306
湖 南	Hunan	5128	561
广 西	Guangxi	118	
重 庆	Chongqing	2023	225
四 川	Sichuan	6396	171
贵 州	Guizhou	2501	226
云 南	Yunnan	1207	102
陕 西	Shaanxi	736	79
甘 肃	Gansu	279	25
青 海	Qinghai	15	5
东南诸河区	**Rivers in Southeast**	**4254**	**283**
浙 江	Zhejiang	2275	16
安 徽	Anhui		
福 建	Fujian	1970	258
珠江区	**Pearl River**	**11266**	**531**
湖 南	Hunan	67	
广 东	Guangdong	5494	2
广 西	Guangxi	3798	346
海 南	Hainan	405	30
贵 州	Guizhou	633	82
云 南	Yunnan	861	72
西南诸河区	**Rivers in Southwest**	**1587**	**123**
云 南	Yunnan	1407	97
西 藏	Tibet	173	22
青 海	Qinghai	7	3
西北诸河区	**Rivers in Northwest**	**1860**	**105**
内蒙古	Inner Mongolia	151	
甘 肃	Gansu	347	44
青 海	Qinghai	30	1
新 疆	Xinjiang	1331	65

主要统计指标解释

供水量　各种水源为用水户提供的包括输水损失在内的毛水量。

用水量　各类用水户取用的包括输水损失在内的毛水量，又称取水量。

累计解决农村饮水困难人口(或牲畜)　截至报告期，通过修建水利设施，解决了水源、改良了水质，而改善、解决饮水困难的农村人口（或牲畜）的数量。

农村饮水安全标准　农村饮用水安全卫生评价指标体系分安全和基本安全 2 个档次，由水质、水量、方便程度和保证率 4 项指标组成。4 项指标中只要有一项低于安全或基本安全最低值，就不能定为饮用水安全或基本安全。水质：符合国家《生活饮用水卫生标准》要求的为安全；符合《农村实施〈生活饮用水卫生标准〉准则》要求的为基本安全。水量：每人每天可获得的水量不低于 40～60 升为安全；不低于 20～40 升为基本安全。根据气候特点、地形、水资源条件和生活习惯，将全国分为 5 个类型区，不同地区的具体水量标准可参照附表确定。方便程度：人力取水往返时间不超过 10 分钟为安全；取水往返时间不超过 20 分钟为基本安全。保证率：供水保证率不低于 95% 为安全；不低于 90% 为基本安全。

农村饮水安全总人口　满足农村饮水基本安全标准的农村地区（即城市及县城关镇以外地区）年末常住人口。农村饮水包括农村居民餐饮、洗涤以及散养畜禽等日常生活用水。按照水利部、卫生部联合下发的《关于

印发农村饮用水安全卫生评价指标体系的通知》的要求，农村饮水安全主要采用水质、水量、取水方便程度以及供水保证率 4 项指标进行评价，并对 5 类地区分安全饮水和基本安全饮水 2 个档次设置标准，只有当上述 4 项指标均达到饮水安全标准的人口，才算饮水安全达标人口。

农业灌溉供水量　水利工程为农田、林地、果园、牧草灌溉实际毛供水量的总和。

工业生产供水量　水利工程为工业生产的供水量。1991 年以前乡镇工业供水统计在农业供水中，从 1992 年开始统计在工业供水中。乡镇企业供水指水利工程为乡镇工业及农副产品加工实际毛供水量。

城镇生活供水量　水利工程对城镇居民生活供水量，还包括用于餐饮、服务以及市政环卫等公共服务方面的供水。生活供水主要统计各类水利工程向自来水厂或城镇居民供应的原水量，即未经任何处理的水量。

乡村生活供水量　水利工程为乡村居民生活的供水量，除乡村居民生活用水外，还包括牲畜用水。

生态环境供水量　主要指通过水利工程设施向城镇、乡村生态脆弱地区或恶化地区以及其他地区补水，以维持、控制、恢复、改善原有的生态环境状态，如为了避免湿地萎缩、维持地下水位、防止海水入侵、维持河川基流、恢复原有湖泊、保护植被等目的，以及为了维持人类居住地的生态环境需要所进行的补水。

Explanatory Notes of Main Statistical Indicators

Water supply Gross amount of water provided by all kinds of water sources, including loss during transportation.

Water use Gross amount of water used by all kinds of users, including loss during transportation.

Accumulated rural population (or livestock) with drinking water Population or number of livestock that are able to access drinking water by means of construction of water facilities, finding of water sources and improvement of water quality until the statistical date of this report.

Standard on safe drinking water in rural areas The index system for evaluating safety of drinking water in rural areas uses two creteria of safe and fairly safe, and is formed by four indices of water quality, water quantity, convenience to access water and guarantee rate. If one of the four indices cannot meet the requirement, it can not be deemed as safe or fairly safe. Water quality: safe means water quality can meet the "National Sanitary Standards for Drinking Water"; fairly safe means water quality can meet the "Implementing Rules of National Sanitary Standards for Drinking Water in Rural Areas". Water quantity: safe means each person can get 40-60L water per day or above; fairly safe means each person get no less than 20-40L water per day. Five different regions are divided according to features of climate, topography, water resources conditions and living habits and customs in China, and water quantity of each region is given in the above table. Convenience to access water: safe means people can get water within 10 minutes and fairly safe means people can get water within 20 minutes. Guarantee rate: safe means it can guarantee at least 95% of water supply; fairly safe means it can guarantee at least 90% of water supply.

Total population in rural areas with safe drinking water Population of permanent residents at the end of the year in rural areas (outside of city, county and township) where drinking water can meet safety standards. Rural drinking water includes daily water use of rural residents for cooking, washing and raising livestock etc. According

to the requirement of Notification of Evaluation Index System of Rural Drinking Water Safety and Sanitation issued by Ministry of Water Resources and Ministry of Health, four indices are applied for evaluating safety of drinking water, namely water quality, water quantity, convenience to access water and guarantee rate; criteria of safe and fairly safe are adopted when evaluation is made in five different regions. Only four indices are all met, it can be deemed as population with safe drinking water.

Water supply for irrigation Total water provided by waterworks for irrigation of farmland, forest, orchard and grassland.

Water supply for industrial use Water provided by waterworks for industries in urban and rural areas. Before 1991, the quantity of water supply for township industries is included in agricultural water supply, but from 1992 it is regarded as industrial water supply. Water supply for township enterprise means actual gross amount of water supply provided by waterworks for industries and processing of agricultural products and by-products in towns.

Water supply for urban domestic use It refers to water supplied to urban residents, as well as restaurants, service industry, environmental use, sanitation and other public facilities of the city. Water supply for urban domestic use equals to source water provided by all kinds of waterworks to water treatment plants or urban residents, i.e, the amount of water without any treatment.

Water supply for rural domestic use Amount of water supply for utilization of rural residents and livestock.

Water supply for eco-environment Water supply is made by engineering structures or utilities, in order to recharge the areas suffering from ecological fragile or deterioration, and sustain, control, restore and improve ecosystem and environment, such as prevention of wetlands shrinking, drop of groundwater level, seawater intrusion, sustaining of base flow of rivers, restoration of lake and vegetation, and satisfying the needs of eco-environment in the living areas of human being.

5 水土保持

Soil and Water Conservation

简 要 说 明

水土保持统计资料主要包括水土流失治理面积及其分类治理面积等。按年度、水资源一级区和地区进行分组。

1. 小流域治理统计范围是指列入县级以上（含县级）治理规划，并进行重点治理的流域面积在 5 平方千米以上的小流域。

2. 水土流失治理面积历史资料汇总 1973 年至今数据；新增水土流失治理面积历史资料汇总 1989 年至今数据。

3. 水土流失治理面积已与 2011 年水利普查数据进行了衔接。

Brief Introduction

Statistical data of soil and water conservation mainly includes recovered area from erosion and types of measures for erosion control. The data is grouped in accordance with year, Grade- I water resources region and region.

1. The scope of statistics for small watershed under control covers those listed in the plan at and above the county level, and drainage area of small watershed that has an area of more than 5 km^2.

2. Historical data of recovered area is collected from 1973 until present, and historical data of newly-increased recovered area is from 1989 until present.

3. The data of recovered area from erosion is integrated with the First National Census for Water of 2011.

5-1 历年水土流失治理面积

Recovered Area from Soil Erosion by Year

单位：千公顷 unit: 10³ha

年份 Year	水土流失治理 面积 Recovered Area	#水平梯田 Leveled Terraced Field	坝地 Gully Dammed Field	水保林 Water Conservation Forest
1974	38423	6209	855	17796
1975	40757	7011	847	
1976	42007	7383	942	
1977	42441	7161	929	20924
1978	40435	7239	891	
1979	40606	6461	931	21273
1980	41152	6539	895	21679
1981	41647	6427	878	21647
1982	41412	6367	924	22367
1983	42405	6457	922	22829
1984	44623	7062	1050	24570
1985	46393	6982	1275	25648
1986	47909	7436	1269	26923
1987	49528	7755	1579	27889
1988	51349	7952	1438	29461
1989	52154	8209	1495	30490
1990	52971	7623	1563	31660
1991	55838	8072	1893	33381
1992	58635			

年份 Year	水土流失 治理面积 Recovered Area	#小流域 治理面积 Recovered Area of Small Watershed	水土流 失治理面积 新增合计 Total Newly-increased Recovered Area	水平梯田 Leveled Terraced Field	坝地 Gully Dammed Field	水保林 Water Conservation Forest	种草 Planted Grassland	其他 Others	水土流 失治理面积 减少 Reduction of Recovered Area
1993	61253								
1994	64080								
1995	66855								
1996	69321								
1997	72242								
1998	75022								
1999	77828								

5-1 续表 continued

单位：千公顷   unit: 10³ha

年份 Year	水土流失治理面积 Recoverd Area	#小流域治理面积 Recoverd Area of Small Watershed	水土流失治理面积新增合计 Total Newly-increased Recovered Area	水平梯田 Leveled Terraced Field	坝地 Gully Dammed Field	水保林 Water Conservation Forest	种草 Planted Grassland	其他 Others	水土流失治理面积减少 Reduction of Recovered Area
2000	80961	28473	4728						1595
2001	81539	30385	4888						4309
2002	85410	34255	5056						1186
2003	89714	35628	5538						1234
2004	92004	36040	4445						2156
2005	94654	37059	4198						1102
2006	97491	37915	3969						1543
2007	99871	38731	3916	311	58	1497	537	1513	1471
2008	101587	39189	3867	275	41	1474	492	1584	2666
2009	104545	41139	4318	412	38	1647	470	1751	1373
2010	106800	41602	4015	401	42	1500	409	1663	1737
2011	109664	41425	4008	437	46	1565	388	1572	1306
2012	102953	41131	4372	524	27	1564	406	1851	1452

年份 Year	水土流失治理面积 Recovered Area	#小流域治理面积 Recovered Area of Small Watershed	水土流失治理面积新增合计 Total Newly-increased Recovered Area	基本农田 Prime Farmland			水保林 Water Conservation Forest	经济林 Economic Forest	种草 Planted Grassland	封禁治理 Blockading Administration	其他 Others
				水平梯田 Leveled Terraced Field	坝地 Gully Dammed Field	其他 Others					
2013	106892	34248	5271	553	16	157	1411	568	340	1681	544
2014	111609	35813	5497	473	30	126	1507	567	361	1898	532

5-2 2014年水土流失治理面积（按地区分）

Recovered Area from Soil Erosion in 2014 (by Region)

单位：千公顷   unit: 10³ha

地区	Region	水土流失治理面积 Recovered Area	#小流域治理面积 Recovered Area of Small Watershed	水土流失治理面积新增合计 Total Newly-increased Recovered Area	基本农田 Prime Farmland 水平梯田 Leveled Terraced Field	坝地 Gully Dammed Field	其他 Others	水保林 Water Conservation Forest	经济林 Economic Forest	种草 Planted Grassland	封禁治理 Blockading Administration	其他 Others
合 计	**Total**	**111609.34**	**35812.74**	**5496.94**	**472.5**	**29.9**	**126.3**	**1507.4**	**567.4**	**361.3**	**1898.3**	**531.8**
北京	Beijing	670.80	670.80	40.00	0.8				0.1		38.8	0.4
天津	Tianjin	94.90	48.45	6.40					0.1		4.8	1.4
河北	Hebei	4826.45	2673.34	248.70	9.3		0.8	91.9	36.8	5.9	89.8	14.3
山西	Shanxi	5667.97	546.50	335.70	14.5	0.9	3.6	103.4	26.6	5.4	72.7	108.3
内蒙古	Inner Mongolia	12210.81	3036.77	500.34	15.6	0.3	0.6	227.2	6.3	103.4	147.0	
辽宁	Liaoning	4733.48	2128.74	217.29	10.1		17.5	54.7	19.7	1.2	78.1	35.9
吉林	Jilin	1670.21	176.56	123.32	5.0	2.5	2.8	91.1	0.2	12.3	4.7	4.8
黑龙江	Heilongjiang	3708.28	1115.17	185.14	8.4	2.5	15.5	74.8	1.8	5.5	29.6	47.2
上海	Shanghai											
江苏	Jiangsu	899.66	288.52	62.70	4.1	0.2	5.6	11.6	16.7	0.2	1.0	23.2
浙江	Zhejiang	3644.48	689.55	70.81	5.2	0.2	3.0	13.8	8.5	2.5	28.9	9.0
安徽	Anhui	1702.02	669.70	47.51	3.4	0.3	1.2	9.1	6.4	0.9	20.4	5.8
福建	Fujian	3388.34	724.79	169.95	17.0	0.9	0.4	24.3	3.6	4.3	109.9	9.6
江西	Jiangxi	5351.64	1045.41	222.84	8.3	0.4	5.6	40.1	19.4	4.2	95.4	49.4
山东	Shandong	3612.46	1358.03	184.01	21.8	15.9	24.6	54.2	30.8	0.7	24.7	11.3
河南	Henan	3441.74	1983.66	230.57	17.6	0.6	4.5	39.0	32.8	1.2	130.2	4.8
湖北	Hubei	5414.41	1770.41	225.01	47.6	0.1	17.8	30.5	9.4	0.9	108.9	9.9
湖南	Hunan	3108.97	903.14	110.00	2.6			17.5	8.1	0.7	59.2	21.8
广东	Guangdong	1384.91	100.30	70.36	0.2		0.1	20.9	3.6	2.1	42.0	1.4
广西	Guangxi	1931.76	357.25	196.12	8.5		1.6	29.8	19.8	1.1	125.6	9.7
海南	Hainan	58.78	24.46	1.84					0.1	0.4	1.4	
重庆	Chongqing	2908.69	1112.36	162.02	29.5			39.1	21.9	0.7	46.6	24.3
四川	Sichuan	8159.15	4209.13	302.10	31.2	0.8	2.9	44.1	38.6	65.3	58.7	60.6
贵州	Guizhou	6021.33	2667.48	228.18	21.6	0.7	1.8	51.2	61.0	4.9	72.1	15.0
云南	Yunnan	7734.45	1821.23	341.30	29.6	3.1	8.8	64.5	85.9	5.5	111.4	32.5
西藏	Tibet	779.76	52.24	2.70								2.7
陕西	Shaanxi	7039.06	2581.50	665.19	29.7		7.2	209.8	86.6	77.6	250.0	4.3
甘肃	Gansu	7567.08	1958.60	290.74	105.4		0.5	55.0	9.7	18.3	97.4	3.5
青海	Qinghai	863.32	345.17	71.80	4.2			53.9	0.1	1.1	12.3	
宁夏	Ningxia	1959.81	566.79	123.07	20.9	0.5	0.2	43.6	7.0	29.1	11.3	10.4
新疆	Xinjiang	1054.59	186.69	61.23	0.7			12.3	5.8	6.3	25.4	10.3

5-3 2014年水土流失治理面积（按水资源分区分）
Recovered Area from Soil Erosion in 2014 (by Water Resources Sub-region)

单位：千公顷   unit: 10³ha

水资源 一级区 Grade-Ⅰ Water Resources Sub-region	水土流失 治理面积 Recovered Area	#小流域 治理面积 Recovered Area of Small Watershed	水土流失 治理面积 新增合计 Total Newly-increased Recovered Area	基本农田 Prime Farmland			水保林 Water Conservation Forest	经济林 Economic Forest	种草 Planted Grassland	封禁治理 Blockading Administra- tion	其他 Others
				水平梯田 Leveled Terraced Field	坝地 Gully Dammed Field	其他 Others					
合　计　Total	111609.34	35812.74	5496.94	472.53	29.92	126.32	1507.36	567.43	361.29	1898.34	531.77
松花江区　Songhua River	7383.71	1618.93	380.48	21.17	4.95	17.59	188.65	3.36	34.60	58.88	51.28
辽河区　Liaohe River	8020.37	3091.15	358.18	16.20	0.03	18.21	120.29	21.50	46.86	99.51	35.58
海河区　Haihe River	9019.50	4287.43	505.41	16.69	16.56	4.42	156.71	50.24	11.51	192.18	57.03
黄河区　Yellow River	21935.53	6097.53	1324.48	159.26	1.61	9.51	437.16	98.15	137.64	387.20	92.29
淮河区　Huaihe River	5435.58	2285.99	262.54	26.59	0.05	29.14	68.04	44.11	0.97	83.77	9.88
长江区　Yangtze River	38441.68	14473.16	1751.30	176.44	2.51	35.31	343.49	244.05	85.36	644.44	219.68
东南诸河区　Rivers in Southeast	6361.11	1370.69	231.24	20.92	1.07	3.10	37.09	10.81	5.94	135.45	16.87
珠江区　Pearl River	6391.05	1255.13	386.17	24.00	1.26	3.51	76.90	48.02	4.30	209.34	18.85
西南诸河区　Rivers in Southwest	4322.38	653.02	139.40	9.86	1.88	4.94	23.01	40.72	3.05	36.69	19.26
西北诸河区　Rivers in Northwest	4298.43	679.71	157.73	1.40		0.60	56.01	6.48	31.07	50.88	11.04

5-4 2014年水土流失治理面积（按水资源分区和地区分）

Recovered Area from Soil Erosion in 2014 (by Water Resources Sub-region and Region)

单位：千公顷   unit: 10^3ha

地区	Region	水土流失治理面积 Recovered Area	#小流域治理面积 Recovered Area of Small Watershed	水土流失治理面积新增合计 Total Newly-increased Recovered Area	基本农田 Prime Farmland — 水平梯田 Leveled Terraced Field	坝地 Gully Dammed Field	其他 Others	水保林 Water Conservation Forest	经济林 Economic Forest	种草 Planted Grassland	封禁治理 Blockading Administration	其他 Others
松花江区	**Songhua River**	7383.71	1618.93	380.48	21.17	4.95	17.59	188.65	3.36	34.60	58.88	51.28
内蒙古	Inner Mongolia	2118.21	329.01	81.82	8.11			30.86	1.41	16.86	24.58	
吉 林	Jilin	1557.22	174.76	113.52	4.71	2.50	2.07	82.99	0.20	12.27	4.66	4.13
黑龙江	Heilongjiang	3708.28	1115.17	185.14	8.35	2.45	15.52	74.79	1.75	5.47	29.64	47.16
辽河区	**Liaohe River**	8020.37	3091.15	358.18	16.20	0.03	18.21	120.29	21.50	46.86	99.51	35.58
内蒙古	Inner Mongolia	3301.92	982.51	135.03	5.82			58.38	2.58	45.63	22.62	
辽 宁	Liaoning	4605.47	2106.84	213.35	10.07	0.03	17.50	53.78	18.90	1.23	76.89	34.95
吉 林	Jilin	112.98	1.80	9.80	0.31		0.71	8.13	0.02			0.63
海河区	**Haihe River**	9019.50	4287.43	505.41	16.69	16.56	4.42	156.71	50.24	11.51	192.18	57.03
北 京	Beijing	670.80	670.80	40.00	0.82			0.01	0.05		38.76	0.36
天 津	Tianjin	94.90	48.45	6.40				0.04	0.08		4.835	1.446
河 北	Hebei	4826.45	2673.34	248.70	9.27		0.80	91.90	36.77	5.86	89.75	14.35
山 西	Shanxi	1988.85	263.11	116.43	3.98	0.23	0.87	39.93	7.34	1.18	28.07	34.76
内蒙古	Inner Mongolia	647.79	341.76	21.68				9.12		4.10	8.46	
辽 宁	Liaoning	128.01	21.90	3.94				0.94	0.84		1.22	0.94
山 东	Shandong	316.37	65.57	29.18		15.86	2.15	6.61	0.20	0.32		4.04
河 南	Henan	346.33	202.50	39.08	2.62	0.47	0.60	8.16	4.96	0.05	21.08	1.14
黄河区	**Yellow River**	21935.53	6097.53	1324.48	159.26	1.61	9.51	437.16	98.15	137.64	387.20	92.29
山 西	Shanxi	3679.12	283.39	219.27	10.47	0.69	2.77	63.44	19.23	4.25	44.59	73.57
内蒙古	Inner Mongolia	4181.05	938.14	184.65	1.63	0.26	0.01	95.32	2.26	12.76	72.41	
山 东	Shandong	278.47	139.16	9.84	2.31		0.11	1.60	1.79	0.10	0.99	2.95
河 南	Henan	926.35	481.90	55.38	6.53	0.12	1.30	11.95	10.00	0.76	23.74	0.98
陕 西	Shaanxi	4892.10	1620.98	421.13	20.36		4.63	124.48	49.51	74.31	143.88	3.95
甘 肃	Gansu	5447.79	1748.94	250.63	92.81		0.46	52.28	8.24	15.72	79.28	0.48
青 海	Qinghai	570.83	318.23	60.51	4.21			44.51	0.12	0.63	11.01	
宁 夏	Ningxia	1959.81	566.79	123.07	20.94	0.54	0.23	43.59	7.00	29.11	11.31	10.36
淮河区	**Huaihe River**	5435.58	2285.99	262.54	26.59	0.05	29.14	68.04	44.11	0.97	83.77	9.88
江 苏	Jiangsu	459.73	133.48	14.07	0.15		4.15	6.15	1.28	0.25	0.53	1.56
安 徽	Anhui	451.11	163.34	12.33	1.06		0.10	1.97	1.51		6.00	1.69
山 东	Shandong	3017.62	1153.31	144.99	19.50	0.05	22.32	45.98	28.79	0.33	23.69	4.34
河 南	Henan	1507.13	835.86	91.15	5.88		2.57	13.94	12.52	0.400	53.55	2.29

5-4　续表 continued

地区 Region	水土流失治理面积 Recovered Area	#小流域治理面积 Recovered Area of Small Watershed	水土流失治理面积新增合计 Total Newly-increased Recovered Area	基本农田 Prime Farmland			水保林 Water Conservation Forest	经济林 Economic Forest	种草 Planted Grassland	封禁治理 Blockading Administration	其他 Others
				水平梯田 Leveled Terraced Field	坝地 Gully Dammed Field	其他 Others					
长江区　Yangtze River	38441.68	14473.16	1751.30	176.44	2.51	35.31	343.49	244.05	85.36	644.44	219.68
上　海　Shanghai											
江　苏　Jiangsu	439.93	155.04	48.63	3.95	0.20	1.48	5.44	15.42		0.50	21.64
浙　江　Zhejiang	671.72	43.65	9.52	1.27		0.23	0.98	1.25	0.82	3.28	1.69
安　徽　Anhui	1250.92	506.36	35.18	2.38	0.33	1.05	7.08	4.93	0.88	14.40	4.14
江　西　Jiangxi	5351.64	1045.41	222.84	8.31	0.42	5.59	40.13	19.40	4.22	95.43	49.35
河　南　Henan	661.93	463.40	44.96	2.52			4.91	5.29		31.87	0.37
湖　北　Hubei	5414.41	1770.41	225.01	47.57	0.12	17.76	30.46	9.36	0.91	108.89	9.93
湖　南　Hunan	3047.13	868.46	107.30	2.63			17.18	7.99	0.73	57.65	21.12
广　西　Guangxi	63.60	22.24	5.62	0.07			0.89	0.57	0.23	3.46	0.40
重　庆　Chongqing	2908.69	1112.36	162.02	29.48			39.07	21.90	0.66	46.60	24.31
四　川　Sichuan	8159.15	4209.13	302.10	31.15	0.80	2.89	44.07	38.64	65.27	58.68	60.61
贵　州　Guizhou	4316.80	2151.92	168.96	12.87	0.24	0.94	37.70	48.59	4.49	52.51	11.62
云　南　Yunnan	2906.44	978.09	143.04	13.08	0.40	2.80	28.35	32.90	1.46	52.16	11.89
陕　西　Shaanxi	2146.96	960.53	244.06	9.29		2.57	85.35	37.05	3.34	106.12	0.34
甘　肃　Gansu	1019.70	179.53	31.69	11.88			1.51	0.76	2.36	12.90	2.28
青　海　Qinghai	82.66	6.64	0.37				0.37				
东南诸河区　Rivers in Southeast	6361.11	1370.69	231.24	20.92	1.07	3.10	37.09	10.81	5.94	135.45	16.87
浙　江　Zhejiang	2972.76	645.90	61.29	3.89	0.16	2.74	12.78	7.21	1.66	25.58	7.27
安　徽　Anhui											
福　建　Fujian	3388.34	724.79	169.95	17.02	0.91	0.36	24.31	3.60	4.28	109.87	9.61
珠江区　Pearl River	6391.05	1255.13	386.17	24.00	1.26	3.51	76.90	48.02	4.30	209.34	18.85
湖　南　Hunan	61.84	34.68	2.70				0.32	0.09		1.58	0.71
广　东　Guangdong	1384.91	100.30	70.36	0.21		0.05	20.94	3.59	2.10	42.02	1.44
广　西　Guangxi	1868.16	335.01	190.50	8.41		1.63	28.89	19.27	0.86	122.18	9.25
海　南　Hainan	58.78	24.46	1.84	0.01			0.05	0.36		1.42	
贵　州　Guizhou	1704.54	515.56	59.22	8.68	0.47	0.81	13.51	12.43	0.38	19.57	3.37
云　南　Yunnan	1312.82	245.12	61.56	6.69	0.79	1.02	13.19	12.283	0.96	22.56	4.08
西南诸河区　Rivers in Southwest	4322.38	653.02	139.40	9.86	1.88	4.94	23.01	40.72	3.05	36.69	19.26
云　南　Yunnan	3515.19	598.02	136.70	9.86	1.88	4.94	23.01	40.72	3.05	36.69	16.56
西　藏　Tibet	779.76	52.24	2.70								2.70
青　海　Qinghai	27.42	2.76									
西北诸河区　Rivers in Northwest	4298.43	679.71	157.73	1.40		0.60	56.01	6.48	31.07	50.88	11.04
内蒙古　Inner Mongolia	1961.84	445.35	77.16			0.60	33.55		24.04	18.97	
甘　肃　Gansu	1099.59	30.13	8.42	0.70			1.18	0.66	0.18	5.25	0.72
青　海　Qinghai	182.41	17.54	10.92				9.01		0.51	1.26	
新　疆　Xinjiang	1054.59	186.69	61.23	0.70			12.27	5.82	6.34	25.40	10.32

5-5 历年开发建设项目水土保持方案

Soil and Water Conservation Plan of Development and Construction Project by Year

年份 Year	水土保持方案审批数量 /项 Approved Soil and Water Conservation Plan /unit	水土保持方案总投资 /万元 Total Investment of Soil and Water Conservation Plan /10⁴ yuan	防治责任范围 /千公顷 Responsible Area for Erosion Control /10³ ha	减少土壤流失量 /万吨 Reduction of Soil Loss /10⁴ t	水土保持设施验收数量 /个 Accepted Soil Conservation Facilities /unit
2003	21537	822095	2532	941304	6559
2004	21049	1451349	782	272514	6298
2005	22517	2076362	901	151076	6259
2006	26783	2882328	784	192992	5023
2007	21720	3518973	899	121317	4332
2008①	27389	3505679	789	117368	5648
2009①	22194	5645749	1609		
2010	24832	10102652	1304	113742	5205
2011	26296	14948872	1103		4842
2012	27858	14290605	1409	16438	5568
2013	30506	16280210	1250		6432

① 2008 年、2009 年数据未统计上海地区。

① The data of Shanghai is not included in 2008 and 2009.

5-6　2013 年全国生产建设项目水土保持方案（按地区分）

Soil and Water Conservation Plan of Development and Construction Project in 2013 (by Region)

地区	Region	生产建设项目水土保持方案审批数量/个 Approved Soil and Water Conservation Plan /unit	水土保持方案总投资/万元 Total Investment of Soil and Water Conservation Plan /10⁴ yuan	防治责任范围/公顷 Responsible Area of Erosion Control /ha	设计拦挡弃土弃渣/万立方米 Spoil Disposal /10⁴m³	实施返还治理示范工程数量/个 Pilot Project with Compensation Funds for Erosion Control /unit	水土保持设施验收数量/个 Accepted Soil Conservation Facilities /unit
合　计	Total	30506	16280210	1250.41	1854296	858	6434
北　京	Beijing	687	461404	7.57	7067		30
天　津	Tianjin	28	1994	2.00	754	2	6
河　北	Hebei	720	298486	30.80	37738	7	179
山　西	Shanxi	280	165576	18.03	11339	151	121
内蒙古	Inner Mongolia	663	1705094	64.71	38551	19	132
辽　宁	Liaoning	588	242660	15.38	2550	13	85
吉　林	Jilin	377	153143	15.87	5079		68
黑龙江	Heilongjiang	217	179749	46.28	419		41
上　海	Shanghai	4	244	0.32	1		
江　苏	Jiangsu	127	189891	6.80	910	14	17
浙　江	Zhejiang	2915	853761	49.48	11446	25	386
安　徽	Anhui	322	254395	16.76	3592	8	65
福　建	Fujian	1457	833432	46.75	14195	82	164
江　西	Jiangxi	1360	870871	224.67	18115	34	430
山　东	Shandong	3592	672521	67.03	38048	96	433
河　南	Henan	468	232145	41.56	12413	148	104
湖　北	Hubei	1708	1444372	47.47	19866	41	375
湖　南	Hunan	2297	728918	56.70	8626	113	732
广　东	Guangdong	1733	1671563	5.20	1385865		586
广　西	Guangxi	1921	609953	35.81	130437	1	229
海　南	Hainan	213	68517	2.79	946		57
重　庆	Chongqing	752	454208	11.68	7933	8	228
四　川	Sichuan	2543	388807	22.30	6672	8	674
贵　州	Guizhou	1221	1127975	153.89	13955	11	362
云　南	Yunnan	2582	1640242	123.02	40958		538
西　藏	Tibet	90	59256	11.42	7891		5
陕　西	Shaanxi	376	340562	33.01	10738	33	90
甘　肃	Gansu	590	408922	41.59	3347	16	160
青　海	Qinghai	116	93654	14.85	4030		14
宁　夏	Ningxia	144	80233	12.92	206	7	52
新　疆	Xinjiang	415	47663	23.61	10608	21	69

主要统计指标解释

水土流失　是由于水力、重力、风力等外力引起的水土资源和土地生产力遭到破坏和损失的现象。造成水土流失的原因可分为自然原因和人类活动原因两类。遭到水土流失侵害和损失的农用地面积称水土流失面积。

水土流失治理面积（又称水土保持面积）　指在山丘地区水土流失面积上，按照综合治理的原则，采取各种治理措施，如：水平梯土（田）、淤地坝、谷坊、造林种草、封山育林育草等治理的水土流失面积总和。

水平梯田　指在坡地上沿等高线修建的、断面呈阶梯状的田块。（注：在我国南方，旱作梯田称梯地或梯土，种植水稻的称梯田。）

坝地　在沟道拦蓄工程上游因泥沙淤积形成的地面较平整的可耕作土地。

水保林　以防治水土流失为主要功能的人工林和天然林。根据其功能的不同，可分为坡面防护林、沟头防护林、沟底防护林、堰边防护林、护岸林、水库防护林、防风固沙林、海岸防护林等。

种草　在水土流失地区，为蓄水保土，改良土壤，发展畜牧，美化环境，促进畜牧业发展而进行的草本植物培育活动。

小流域治理面积　是以小流域为单元，根据流域内的自然条件，按照土壤侵蚀的类型特点和农业区划方向，在全面规划的基础上，合理安排农、林、牧、副各业用地，布置水土保持农业技术措施，林草措施与工程措施，相互协调、相互促进形成综合的水土流失防治体系。凡列入县级以上治理规划，并进行重点治理的，流域面积大于 5 平方千米小于 50 平方千米的小流域治理面积均进行统计。

Explanatory Notes of Main Statistical Indicators

Soil erosion   Damage or losses to water and land resources and its productivity due to external forces, such as water power, gravity and wind etc. Soil erosion is usually caused by two factors: natural and human activities. Eroded area refers to damaged or lost cultivated land as a result of soil erosion.

Recovered area from soil erosion (also named soil and water conservation area)   Total area recovered from erosion in mountainous or hilly areas, with comprehensive control measures, including terraced fields, silt retention dam, check dam, reforestation, grass plantation, ban of wood cutting and grazing, under the principle of integrated management.

Leveled Terraced field   Cultivated land with a cascade section built along the contour lines on slope land. (Note: In southern part of China, dry terraces are called land terraces or earth terraces, and paddy terraces are called terraced fields).

Gully dammed field   Relatively leveled cultivated land created by upstream silt arrested by silt retention dam in the gully.

Water conservation forest   It refers to artificial and nature forests mainly for control of soil and water loss. According to its functions, it is grouped into protection forests for slope, gully head, gully bottom, plateau edge, bank, reservoir, wind and sand and sea coast.

Planted grassland   Activities of planting and cultivating grass in eroded area, for the purposes of conserving soil and water, soil improvement, pasture development, environment beatification and conservation in animal husbandry.

Improved area of small watershed   It refers to the area covered by a comprehensive erosion control system that integrates agricultural technology, forest-grass and structural measures, and makes an appropriate arrangement of land use for agricultural, forestry, husbandry and agricultural by-product production, by taking small watershed as an unit and based on natural condition, type and feature of soil erosion, agricultural zoning, under the guidance of overall planning. If a watershed is in the list of management plan at and above the county level as major project, all of the area larger than 5 km^2 and smaller than 50 km^2 should be included in the statistics.

6 水利建设投资

Investments in Water Development

 Investments in Water Development

简 要 说 明

水利建设投资统计资料主要包括水利固定资产投资、项目、完成、工程量情况以及工程能力和效益等。

本部分资料主要按地区分组。历史资料汇总 1949 年至今数据。

Brief Introduction

Statistical data of investments for water project construction mainly includes investment of fixed asset, number of projects, completion of investment, completed civil works, capacity and benefits of projects etc.

The data is divided into groups based on river basin and region. Historical data is collected from 1949 until present.

6-1 主 要 指 标

Key Indicators

单位：万元　　　　　　　　　　　　　　　　　　　　　　　　　　　　　　　　　　　　　unit: 10^4 yuan

指标名称	Item	2007	2008	2009	2010	2011	2012	2013	2014
中央水利建设计划投资	Investment Plan of Central Government for Water Projects	3088220	6254207	6370307	9840567	11407487	16229994	14083113	24262307
水利建设投资完成额	Completed Investment for Water Project Construction	9448538	10882012	18940321	23199265	30860284	39642358	37576331	40831354
按投资来源分：	Divided by Sources:								
（1）国家预算内拨款	National Budget Allocation	2700258	3903636	9299491	9180534	8988189	12914781	11367534	12820428
（2）国家预算内专项	Special Funds from National Budget	1956989	1604711	1287604	947861	291662	253770	127330	23949
（3）国内贷款	Domestic Loan	833576	969469	1528610	3374355	2703080	2655028	1726871	2996401
（4）利用外资	Foreign Investment	94756	105085	75675	13058	44176	41295	85724	43286
（5）自筹资金	Self-raising Funds	2199399	2353630	3338654	3161926	4068349	3504219	3606718	3398976
（6）水利建设基金	Water Project Construction Funds	677814	604949	1054664	2151824	796110	1200487	1080554	2691996
（7）财政专项	Special Funds					5648074	10042017	9374510	11592375
（8）重大水利工程建设基金	Major Water Project Construction Funds					4378294	4348890	4249522	
（9）其他投资	Other Investments	985746	1340535	2355623	4369707	3942350	4681871	5957568	6364525
按投资用途分：	Divided by Investment Purposes:								
（1）防洪工程	Flood Control	3184809	3700390	6748123	6846472	10183029	14259586	13357637	15225527
（2）水资源工程	Water Resources	4050906	4678489	8660425	10705379	12841335	19115662	17331589	18521525
（3）水土保持及生态建设	Soil and Water Conservation and Ecological Restoration	603164	768749	867355	858998	953860	1181181	1028920	1412978
（4）水电工程	Hydropower Development	664919	773709	720419	1053896	1090134	1171955	1644196	2169022
（5）行业能力建设	Capacity Building	204573	266448	264842	444325	402459	595519	525410	1060087
（6）其他	Others	740166	694229	1679157	3290195	5389467	3318455	3688579	2442215

注　1. 从2003年开始，中央水利建设计划投资包括南水北调当年投资。

　　2. 2007年中央水利建设计划投资不包括当年中央财政转移支付地方水利专项资金32亿元和小型农田水利建设中央财政专项补助资金10亿元。

　　3. 2008年中央水利建设计划投资不包括当年小型农田水利建设中央财政专项补助资金30亿元。

Note　1. Investment plans of central government for water project construction since 2003 include those for South-North Water Diversion Project.

　　2. In 2007, investment plans of central government for water project construction exclude 3.2 billion yuan of Central Government funds transferred to special funds of local governments and 1 billion yuan of special funds to small on-farm irrigation and drainage works from the Central Government Finance.

　　3. In 2008, investment plans of central government for water project construction exclude 3 billion yuan of special funds to small on-farm irrigation and drainage works from the Central Government Finance.

6-2 历年水利建设施工和投产项目个数
Number of Water Projects Under-construction and Put-into-operation, by Year

单位：个   unit: unit

年份 Year	施工项目 Under-construction	#新开工项目 Newly-started Project	部分投产项目 Partially Put-into-operation	全部投产项目 Fully Put-into-operation
1989	1928	782		669
1990	1987	799		652
1991	2001	804		585
1992	2253	978		684
1993	2268	963		694
1994	2300	931		678
1995	2286	931		571
1996	2146	920		635
1997	2320	1091		753
1998	2932	1699		696
1999	2632	1033		722
2000	3456	1901		1106
2001	3344	1792	397	825
2002	4203	2171	827	1103
2003	5196	2834	1305	1376
2004	4307	1816	1313	1249
2005	4855	2095	1709	1407
2006	4614	2158	1596	1422
2007	4852	2203	1428	1584
2008	7529	4418	1380	2683
2009	10715	5992	1025	5499
2010	10704	5811	979	6346
2011	14623	10281	715	7968
2012	20501	13364	708	10282
2013	20266	12199		9016
2014	21630	13518		9612

注　1. 1989—2000 年以及 2013—2014 年未细分当年部分投产与全部投产，均为"全部投产项目"。

　　2. 本表只包括当年正式施工的水利工程设施项目和机构能力建设项目，不包括建设投资计划安排的水利前期、规划及专题研究等项目。

Note　1. The number of projects putting into operation is used for the data of 1989-2000 and 2013-2014, which is not separated into groups of partially-operated and fully-operated.

　　2. This table only includes water project under construction and capacity building, excluding projects conducted in the early stage such as feasibility studies, planning and special-subject studies.

6-3　2014年水利建设施工和投产项目个数（按地区分）

Number of Water Projects Under-construction and Put-into-operation in 2014 (by Region)

单位：个 unit: unit

地区 Region		施工项目 Under-construction	#新开工项目 Newly-started Project	部分投产项目 Partially Put-into-operation	全部投产项目 Fully Put-into-operation
合　计	Total	21630	13518		9612
北　京	Beijing	45	29		3
天　津	Tianjin	67	48		38
河　北	Hebei	646	418		354
山　西	Shanxi	742	573		307
内蒙古	Inner Mongolia	347	197		166
辽　宁	Liaoning	440	291		146
吉　林	Jilin	398	181		117
黑龙江	Heilongjiang	871	126		255
上　海	Shanghai	203	107		96
江　苏	Jiangsu	571	364		273
浙　江	Zhejiang	1428	821		387
安　徽	Anhui	319	90		97
福　建	Fujian	786	284		391
江　西	Jiangxi	892	576		371
山　东	Shandong	893	631		550
河　南	Henan	647	386		208
湖　北	Hubei	2113	1690		1250
湖　南	Hunan	1239	1024		576
广　东	Guangdong	799	285		223
广　西	Guangxi	593	143		29
海　南	Hainan	156	93		19
重　庆	Chongqing	988	648		667
四　川	Sichuan	1433	1121		598
贵　州	Guizhou	1217	989		657
云　南	Yunnan	1468	805		611
西　藏	Tibet	110	64		59
陕　西	Shaanxi	690	452		395
甘　肃	Gansu	549	399		259
青　海	Qinghai	300	268		177
宁　夏	Ningxia	133	87		34
新　疆	Xinjiang	547	328		299

注　本表只包括当年正式施工的水利工程设施项目和机构能力建设项目，不包括建设投资计划安排的水利前期、规划及专题研究等项目。

Note　This table only includes water projects under construction and capacity building, excluding work conducted in the early stage of the project such as feasibility studies, planning and special-subject studies.

6-4 历年水利建设投资规模和进展

Investment and Progress of Water Project Construction, by Year

单位：万元   unit: 10⁴ yuan

年份 Year	在建项目实际 需要总投资 Total Needed Investment of Projects Under-construction	累计完成 投资 Accumulation of Completed Investment	累计新增 固定资产 Accumulation of Newly-increased Fixed Assets	#当年新增 Newly- increased of the Present Year	未完工程累计 完成投资 Completed Investment of Uncompleted Project
2004	57472646	33787604	22889594	4788389	10897896
2005	59195516	31451336	20427098	5741035	11016751
2006	61205439	32795254	22999308	5414850	9794480
2007	57498856	33186759	22947692	7255913	10236968
2008	66787193	38436646	25225183	8451275	13211463
2009	78208336	46208244	31295254	15546720	14912990
2010	99662055	56693583	38715221	18497877	17978362
2011	117692905	68877470	42433768	19512353	
2012	137031324	89059580	57753110	27566037	
2013	153460025	101423176	55770917	27804200	
2014	199517592	119504637	70210221	33433685	

注　本表只包括当年正式施工的水利工程设施项目和机构能力项目。

Note   The data only includes projects of water infrastructures and capacity building formally initiated in the present year.

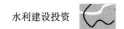

6-5 2014 年水利建设投资规模和进展（按地区分）

Investment and Progress of Water Project Construction in 2014
(by Region)

单位：万元   unit: 10^4 yuan

地区	Region	在建项目实际需要总投资 Total Needed Investment of Project under Construction	累计完成投资 Accumulation of Completed Investment	累计新增固定资产 Accumulation of Newly-increased Fixed Assets	#当年新增 Newly-increased of the Present Year
合　计	Total	199517592	119504637	70210221	33433685
北　京	Beijing	453592	274080	178305	81864
天　津	Tianjin	491863	389385	245166	215899
河　北	Hebei	5236840	3417710	3366857	2396443
山　西	Shanxi	5843322	2619288	1460002	646585
内蒙古	Inner Mongolia	4144955	2784452	2060476	778120
辽　宁	Liaoning	6165704	3596927	3089087	1201145
吉　林	Jilin	5254578	2607670	2240687	1036754
黑龙江	Heilongjiang	7569541	4118675	4103576	1170112
上　海	Shanghai	3300796	1881429	391531	388073
江　苏	Jiangsu	10949639	5769968	3496390	2145922
浙　江	Zhejiang	25089048	11614062	7292714	2902889
安　徽	Anhui	5109055	4464998	2978169	1182980
福　建	Fujian	2104712	1103340	985778	674787
江　西	Jiangxi	5417990	2876326	2320952	1144536
山　东	Shandong	6996440	5209527	2796366	1472358
河　南	Henan	17898177	17055258	2300119	1260238
湖　北	Hubei	9697416	8758114	1358337	1151091
湖　南	Hunan	2816971	2142574	2069508	1417631
广　东	Guangdong	10860807	6049518	3254520	925307
广　西	Guangxi	8428675	3522834	2925040	712667
海　南	Hainan	1375516	526712	297809	108782
重　庆	Chongqing	6468220	4216411	2746209	1925547
四　川	Sichuan	7380325	3897415	3295335	1793568
贵　州	Guizhou	4775393	1676507	1371802	903865
云　南	Yunnan	10260858	5739436	4719023	2163258
西　藏	Tibet	1565987	839570	839570	337214
陕　西	Shaanxi	7953570	4570122	3795024	1172696
甘　肃	Gansu	6034698	2269159	1372172	768493
青　海	Qinghai	826239	605495	234483	166806
宁　夏	Ningxia	1370343	853124	816759	295944
新　疆	Xinjiang	7676325	4054553	1808457	892111

注　本表只包括当年正式施工的水利工程设施项目和机构能力项目。

Note　The data only includes projects of water infrastructures and capacity building formally initiated in the present year.

6-6 历年水利建设投资完成额
Completed Investment for Water Project Construction, by Year

单位：万元   unit: 10^4 yuan

年份 Year	完成 投资合计 Total Completed Investment	中央投资 Central Government Investment	其他投资 Others
1952	32800		
1953	34000		
1954	23100		
1955	35800		
1956	74200		
1957	75900		
1958	213266		
1959	245190		
1960	333941		
1961	96041		
1962	77990		
1963	86760		
1964	100800		
1965	101600		
1966	161400		
1967	145800		
1968	88100		
1969	135700		
1970	170400		
1971	210000		
1972	227900		
1973	240900		
1974	236700		
1975	260600		
1976	291400		
1977	286600		
1978	353300		
1979	370400		
1980	270700		
1981	135700		
1982	174737		
1983	211296		
1984	206828		
1985	201580		
1986	228702		
1987	271012		
1988	306454		
1989	355508		
1990	487203		
1991	648677		
1992	971670		
1993	1249260		
1994	1687353		
1995	2063156		
1996	2385240		
1997	3154061		
1998	4676865		
1999	4991476		
2000	6129331	2954199	3175132
2001	5607065	2757822	2849243
2002	8192153	4149894	4042259
2003	7434176	3124746	4309430
2004	7835450	2925784	4909666
2005	7468483	2547065	4921418
2006	7938444	2987571	4950873
2007	9448538	3550444	5898094
2008	10882012	4169558	6712455
2009	18940321	8453697	10486624
2010	23199265	9604835	13594430
2011	30860284	14353990	16506294
2012	39642358	20332106	19310252
2013	37576331	17298370	20277960
2014	40831354	16485110	18624883

6-7 历年水利建设到位投资

Allocated Investment for Water Project Construction, by Year

单位：万元   unit: 10^4 yuan

年份 Year	计划 投资 Planned Investment	到位投资 合计 Total Allocated Investment	中央投资 Central Government Investment	其他投资 Others
2000	6109753	5415598	2770183	2645415
2001	8158739	5820373	3063614	2756759
2002	7873236	6985271	3552762	3432509
2003	8137149	6794217	2926763	3867454
2004	7902719	6393526	2315087	4078439
2005	8273650	7122425	2439757	4682668
2006	9327119	8404460	3428579	4975881
2007	10264653	9208767	3403233	5805533
2008	16040746	14184747	6497568	7687178
2009	17026927	17243218	6560403	10682815
2010	27075729	25800210	13639088	12161123
2011	33481528	32243193	15535845	16707349
2012	40876505	39956593	21100811	18855782
2013	39539765	38210322	17658910	20551412
2014	43450623	43114345	18049685	19907275

6-8　2014 年水利建设到位投资和投资完成额（按地区分）

Allocated and Completed Investment of Water Project Construction in 2014
(by Region)

单位：万元　　　　　　　　　　　　　　　　　　　　　　　　　　　　　　　　　　　unit: 10^4 yuan

地区 Region		计划 投资 Planned Investment	到位投资 合计 Total Allocated Investment	#中央投资 Central Government Investment	地方投资 Local Government Investment	完成投资 合计 Total Completed Investment	#中央投资 Central Government Investment	地方投资 Local Government Investment
合　计	Total	43450623	43114345	18049685	19907275	40831354	16485110	18624883
北　京	Beijing	193663	207245	73717	133528	177519	52062	125457
天　津	Tianjin	290563	290850	95193	101554	243350	84063	90492
河　北	Hebei	2592269	2528273	1037883	716968	2421197	875372	752399
山　西	Shanxi	1124699	961423	295848	626842	1101049	282679	779115
内蒙古	Inner Mongolia	672353	707028	421931	231285	661793	351556	258186
辽　宁	Liaoning	1274510	1352655	575939	535053	1287711	569381	370022
吉　林	Jilin	835960	863958	351408	351385	1098760	481388	451638
黑龙江	Heilongjiang	1445886	1445886	907550	518336	1171411	936085	215326
上　海	Shanghai	752032	836311	18758	792660	965342	19996	920453
江　苏	Jiangsu	2123794	2216372	401503	1747155	2365315	439666	1811758
浙　江	Zhejiang	4724693	4870806	320053	3190047	4842777	278703	3218193
安　徽	Anhui	1376147	1392886	774432	618454	1398097	765682	631957
福　建	Fujian	865606	864108	441562	352779	739965	360952	312018
江　西	Jiangxi	1233315	1256100	765646	418392	1194566	692689	420845
山　东	Shandong	2334507	2249153	593316	1653791	1759018	589632	1153317
河　南	Henan	1906514	1903423	1375085	498168	1772342	1337802	392141
湖　北	Hubei	2110605	1964597	1393674	495843	1765397	1224581	484865
湖　南	Hunan	1606979	1552417	951415	570722	1473250	892901	549570
广　东	Guangdong	1428093	1370726	301411	1043256	1307724	241317	1029717
广　西	Guangxi	1282684	1277091	774346	453492	850647	628716	175471
海　南	Hainan	231493	197055	138279	52466	147177	68585	38775
重　庆	Chongqing	1827205	1927798	661979	737493	2020812	630454	806969
四　川	Sichuan	2453776	2319268	1093691	1187779	1958335	854159	1007177
贵　州	Guizhou	1072921	1036492	586336	364013	1044384	530664	353282
云　南	Yunnan	2607397	2552737	949870	1162043	2567797	781578	1077781
西　藏	Tibet	384772	384772	265991	51504	337214	236645	33292
陕　西	Shaanxi	1548661	1534761	615608	506773	1364898	534822	507468
甘　肃	Gansu	1055469	996456	593842	219525	874387	543807	157293
青　海	Qinghai	338129	349527	219328	114142	232419	164234	59537
宁　夏	Ningxia	422650	406213	275978	129758	319214	226767	90132
新　疆	Xinjiang	1333278	1297956	778115	332070	1367485	808173	350234

注　本年投资来源中只单列中央和地方政府投资，利用外资、企业和私人投资以及贷款等投资包含在合计项目中。

Note　Only central and local government investment are listed separately in the sources of the investment in the present year and the investments of foreign capital, enterprises, private sector and bank loans are included in the total.

6-9　历年中央水利建设计划投资

Investment Plan of Central Government for Water Projects, by Year

单位：万元　　　　　　　　　　　　　　　　　　　　　　　　　　　　　　　　　　　　　　　unit: 10⁴ yuan

年份 Year	合计 Total	中央计划投资 合计 Total Investment of Central Government	国家预算内拨款 National Budget Allocation	国家预算内专项资金 Special Funds from National Budget	银行贷款 Bank Loan	水利建设基金 Water Project Construction Funds	利用外资 Foreign Investment	自筹资金 Self-raising Funds	财政专项 Special Funds	地方配套 Local Counterpart Funds
1990	538198									
1991	655166									
1992	1028934									
1993	1376411									
1994	1886707									
1995	2231891									
1996	2688028	1055600	439600		335000		185000	500	95500	1632428
1997	3384137	1368861	627800		345775	219590	166000	9696		2015276
1998	7101177	3623900	802700	2177900	326900	140000	156400	20000		3477277
1999	7035634	3376228	593800	2334410	105658	180000	149000	13360		3659406
2000	6109753	2641132	573750	1776382	15000	180000	66000	30000		3468621
2001	5731680	3799585	542912	2991024		180000	85649			1932095
2002	5731139	3210070	723500	2235070		140000	111500			2521069
2003	6562394	3272983	802500	2311472		110000	49011			3289411
2004	5239960	2788097	687420	1982876		110000	7801			2451863
2005	4955283	2715788	721895	1883644		110000	249			2239495
2006	6254734	2987103	1587945	1294158		105000				3267631
2007	6326569	3088220	1386312	1578908		120000	3000			3238349
2008	11772273	6254207	5494207			120000			640000	5518066
2009	10674744	6370307	4800307			120000			1450000	4304437
2010	18868884	9840567	7010567			150000			2680000	9028317
2011	20518583	11407487	6540567			280000			4586920	9111096
2012	24693914	16229994	8910567			275000			7044427	8463920
2013	20872164	14083113	7170764			222700			6689649	6789051
2014	24262307	16271456	7671817			61950			8385689	7990851

注　1. 从 2003 年开始，中央水利建设计划投资包括南水北调当年投资。

　　2. 2007 年中央水利建设计划投资不包括当年中央财政转移支付地方水利专项资金 32 亿元。

　　3. 2008 年中央水利建设计划投资不包括当年小型农田水利建设中央财政专项补助资金 30 亿元。

Note　1. Investment plans of central government for water project construction since 2003 include those for South-North Water Diversion Project.

　　2. In 2007, investment plans of central government for water project construction exclude 3.2 billion yuan of Central Government funds transferred to special funds of local governments.

　　3. In 2008, investment plans of central government for water project construction exclude 3 billion yuan of special funds to small on-farm irrigation and drainage works from the Central Government Finance.

6-10 2014 年中央水利建设计划投资（按地区分）

Investment Plan of Central Government for Water Projects in 2014 (by Region)

单位：万元   unit: 10⁴ yuan

地区 Region		合计 Total	中央计划投资				地方配套
			合计 Total Investment Plan of Central Government	国家预算内拨款 National Budget Allocation	水利建设基金 Water Project Construction Funds	财政专项 Financial Special Funds	地方配套 Local Counterpart Funds
合计	Total	24262307	16271456	7671817	61950	8385689	7990851
北京	Beijing	41245	32977	2473		30504	8268
天津	Tianjin	159593	77167	43373		33794	82426
河北	Hebei	1197319	990458	305695		684763	206861
山西	Shanxi	303180	261814	77884		183930	41366
内蒙古	Inner Mongolia	469040	407652	165881		241771	61388
辽宁	Liaoning	1184511	568776	409319		159457	615735
吉林	Jilin	697777	346792	151305		195487	350985
黑龙江	Heilongjiang	1223657	911370	523194		388176	312287
上海	Shanghai	9969	8929	123		8806	1040
江苏	Jiangsu	825569	349104	171398		177706	476465
浙江	Zhejiang	925338	309326	164404		144922	616012
安徽	Anhui	1109078	765808	503928		261880	343270
福建	Fujian	648794	441562	229122		212440	207232
江西	Jiangxi	936521	685704	253308		432396	250817
山东	Shandong	866990	479320	209043		270277	387670
河南	Henan	1134405	881427	473834		407593	252978
湖北	Hubei	1116738	812630	384158		428472	304108
湖南	Hunan	1408016	980596	435839	57650	487107	427420
广东	Guangdong	339501	246241	36747		209494	93260
广西	Guangxi	961916	750448	290631		459817	211468
海南	Hainan	192903	114763	51617		63146	78140
重庆	Chongqing	776925	571000	272017		298983	205925
四川	Sichuan	2127903	1061758	448213		613545	1066145
贵州	Guizhou	794997	564316	236405		327911	230681
云南	Yunnan	1137913	849856	327942		521914	288057
西藏	Tibet	168897	166897	77849		89048	2000
陕西	Shaanxi	788352	546127	287748		258379	242225
甘肃	Gansu	770398	586009	335641		250368	184389
青海	Qinghai	316283	212122	120454		91668	104161
宁夏	Ningxia	369645	275978	114561	4300	157117	93667
新疆	Xinjiang	902257	665202	409295		255907	237055
中央直属	Organizations Directly under the Central	356677	349327	158416		38911	7350

6-11　2014年中央水利建设计划投资（按流域分）

Investment Plan of Central Government for Water Projects in 2014
(by River Basin)

单位：万元   unit: 10⁴ yuan

直属单位	Institutions Directly under MWR	合计 Total	中央计划投资				地方配套
			合计 Total Investment Plan of Central Government	国家预算内拨款 National Budget Allocation	水利建设基金 Water Project Construction Funds	财政专项 Financial Special Funds	Local Counterpart Funds
合　计	Total	24262307	16271456	7671817	61950	8385689	7990851
松辽流域	Songhua and Liaohe Rivers Basin	3133827	1854820	1091340		763480	1279007
海河流域	Haihe River Basin	1710467	1371546	438555		932991	338921
淮河流域	Huaihe River Basin	2734436	1527031	899838		627193	1207405
黄河流域	Yellow River Basin	4999162	3826449	1949246	4300	1742903	1172713
长江流域	Yangtze River Basin	7709292	5165020	2227535	57650	2879835	2544272
珠江流域	Pearl River Basin	2290571	1680162	625594		1054568	610409
太湖流域	Taihu Basin	1595818	771534	397366		366168	824284
部属其他	Other Institutions under the Ministry	88734	74894	42343		18551	13840

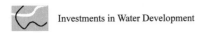

6-12 2014 年中央水利建设计划投资（按项目类型分）

Investment Plan of Central Government for Water Projects in 2014 (by Type)

单位：万元   unit: 10⁴ yuan

工 程 类 别	Type of Project	合计 Total	中央计划投资				地方配套
			合计 Total Investment Plan of Central Government	国家预算内拨款 National Budget Allocation	水利建设基金 Water Project Construction Funds	财政专项 Financial Special Funds	Local Counterpart Funds
合　计	**Total**	**24262307**	**16271456**	**7671817**	**61950**	**8385689**	**7990851**
一、防洪工程	**Flood Control Projects**	**9413954**	**6154197**	**2332197**		**3670000**	**3259757**
1. 大江大河治理	Large River Harness	5471476	3745944	1457944		2150000	1725532
2. 控制性枢纽工程	Dam Project	981912	105300	105300			876612
3. 病险库加固	Reservoir Reinforcement	1266467	1197500	107500		1090000	68967
4. 大中型病险水闸	Large-size & Medium-size Risky Water Gates	260134	151300	151300			108834
5. 城市防洪堤	Urban Flood Control Embankment						
6. 行蓄洪区安全建设	Flood Retention Basin Construction	401812	229980	229980			171832
7. 重点海堤	Main Sea Dyke	280500	102000	102000			178500
8. 国际界河	International Boundary River	37500	30000	30000			7500
9. 防汛通信	Flood Control Information System	20000	14000				6000
10. 水文建设	Hydrology	264153	148173	148173			115980
11. 防汛机动抢险队	Mobile Flood Disaster Relief Team						
12. 平垸行洪退田还湖移民建镇	Town Ship Resettlement Area Built for Returning Polder Land to Lakes						
13. 山洪灾害	Mountain Flood Disaster	430000	430000			430000	
二、水土保持及生态环境工程	**Soil and Water Conservation and Ecological Recovery Projects**	**1136262**	**1020861**	**276686**		**744175**	**115401**
1. 重点治理	Key Projects	618892	510584	267020		243564	108308
2. 农村水电增效扩容改造	Efficiency Improvements and Capacity Additions of Rural Hydropower	500611	500611			500611	
3. 生态修复	Ecological Recovery	16759	9666	9666			7093
三、水资源工程	**Water Resources Projects**	**12062265**	**8396369**	**4402905**	**61950**	**3931514**	**3665896**
1. 节水灌溉工程	Water-saving Irrigation	386551	294768	156521		138247	91783
2. 人畜饮水	Human and Livestock Drinking Water	2989293	2114593	2114593			874700
3. 大型灌区建设	Large-scale Irrigation District Construction	1386148	845191	845191			540957
4. 重点水源工程	Main Water Source Project	3324974	1234117	1161800	61950	10367	2090857
5. 小型农田水利设施	Small on-farm Irrigation and Drainage Facilities	3782900	3782900			3782900	
6. 牧区节水灌溉示范	Water-saving Irrigation Demonstration Areas in Pasture Land	39483	24800	24800			14683
7. 灌排泵站	Irrigation & Drainage Pumping Station	152916	100000	100000			52916
四、专项工程	**Special Projects**	**1649826**	**700029**	**660029**		**40000**	**949797**
1. 基础设施建设	Basic Infrastructures	773582	509860	469860		40000	263722
2. 科研教育	Research and Education						
3. 前期工作	Early-stage Work						
4. 小水电及农村电气化工程	Small Hydropower Development & Rural Electrification	840762	172670	172670			668092
5. 其他	Others	35482	17499	17499			17983

6-13 历年分资金来源中央政府水利建设投资完成额
Completed Investment of Central Government for Basic Water Project Construction by Financial Resources and Year

单位：万元   unit: 10^4 yuan

年份 Year	投资完成合计 Total Completed Investment	国家预算内拨款 National Budget Allocation	国家预算内专项资金 Special Funds from National Budget	国内贷款 Domestic Loan	债券 Bonds	水利建设基金 Water Project Construction Funds	利用外资 Foreign Investment	自筹资金 Self-raising Funds	其他 Others
2000	2954199	494184	2111404	40520	10122	134169	136323	14711	12766
2001	2757822	562460	1933136	15028		91391	131171	17807	6829
2002	4149894	656938	3191917	49200	6690	112367	114273	8692	9817
2003	3124746	537661	2319549	75825	2080	116441	24625	6890	41674
2004	2925784	845984	1891397	46866		75751	38935	8831	18020
2005	2547065	659224	1769155			90406		3499	24782
2006	2987571	1160369	1728516			70474		3389	24824
2007	3550444	1694283	1737805			83395		16833	18128
2008	4169558	2499243	1326835			215404		2660	125415
2009	8453697	6651275	694317			528613		4111	575381
2010	9604835	6077624	162274			1679759		2338	1682839

年份 Year	投资完成合计 Total Completed Investment	国家预算内拨款 National Budget Allocation	国家预算内专项资金 Special Funds from National Budget	财政专项资金 Financial Special Funds	重大水利工程建设基金 Major Water Project Construction Funds	水利建设基金 Water Project Construction Funds	利用外资 Foreign Investment	自筹资金 Self-raising Funds	其他 Others
2011	14353990	5865385	18996	3459382	4219353	294695		7217	488962
2012	20332106	9423985	49308	6263232	3961091	377388		1349	255754
2013	17298370	7739486	18037	5043911	3992849	181873		3863	318352
2014	16485110	8120690	15802	6350347	1070910	142712			784648

注 2014 年开始，中央水利建设计划投资其他项中包括土地出让收益 57 亿元。

Note The other items under the Central Government investment plan for water project construction include land sale revenues of 5.7 billion yuan since 2014.

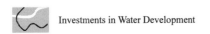
6-14　2014年分资金来源中央政府水利建设投资完成额（按地区分）

Completed Investment of Central Government for Basic Water Project Construction by Financial Resources in 2014 (by Region)

单位：万元　　　　　　　　　　　　　　　　　　　　　　　　　　　　　　　　　　unit: 10⁴yuan

地区 Region	完成投资 合计 Total Completed Investment	国家预算内拨款 National Budget Allocation	国家预算内专项资金 Special Funds from National Budget	财政专项资金 Financial Special Funds	水利建设基金 Water Project Construction Funds	重大水利工程建设基金 Major Water Project Construction Funds	土地出让收益 Land Revenue	其他 Others
合　计 **Total**	**16485110**	**8120690**	**15802**	**6350347**	**142712**	**1070910**	**576942**	**207707**
北　京 Beijing	52062	29155		22907				
天　津 Tianjin	84063	47861		36202				
河　北 Hebei	875372	339629		535673	70			
山　西 Shanxi	282679	107252	4780	141257	5028		18361	6000
内蒙古 Inner Mongolia	351556	175933		130609	221		37424	7369
辽　宁 Liaoning	569381	423457		130972			14952	
吉　林 Jilin	481388	227974	1464	225291	119		26540	
黑龙江 Heilongjiang	936085	799186	1800	135099				
上　海 Shanghai	19996	11884		8112				
江　苏 Jiangsu	439666	229376	860	167637		12820	28973	
浙　江 Zhejiang	278703	140337	900	134155	3165	47	100	
安　徽 Anhui	765682	474316	1277	234036	2153		53900	
福　建 Fujian	360952	186336		166686			7929	
江　西 Jiangxi	692689	319488		364543	6637		2020	
山　东 Shandong	589632	230063		268084	53384	38100		
河　南 Henan	1337802	492266	1130	214711	45775	484120	99800	
湖　北 Hubei	1224581	328654		322138		532156	41633	
湖　南 Hunan	892901	463858		429043				
广　东 Guangdong	241317	50169		180404			10744	
广　西 Guangxi	628716	313817		314899				
海　南 Hainan	68585	39941		28644				
重　庆 Chongqing	630454	290755		232146	6051	3595	27836	70071
四　川 Sichuan	854159	364816	2220	424776	10055		50908	1384
贵　州 Guizhou	530664	285681	1371	242002	159		350	1100
云　南 Yunnan	781578	315164		384668	3935	72	56895	20844
西　藏 Tibet	236645	155254		81391				
陕　西 Shaanxi	534822	309273		179971	5960		29130	10488
甘　肃 Gansu	543807	330881		182498			30428	
青　海 Qinghai	164234	93466		69921			800	47
宁　夏 Ningxia	226767	123726		97966			5075	
新　疆 Xinjiang	808173	420722		263906			33143	90403

6-15 历年分资金来源地方政府水利建设投资完成额

Completed Investment of Local Government Funding for Water Project Construction by Financial Resources and Year

单位：万元　　　　　　　　　　　　　　　　　　　　　　　　　　　　　　　　　　　　unit: 10^4 yuan

年份 Year	完成投资 合计 Total Completed Investment	国家预算内拨款 National Budget Allocation	国家预算内专项资金 Special Funds from National Budget	国内贷款 Domestic Loan	债券 Bonds	水利建设基金 Water Project Construction Funds	利用外资 Foreign Investment	自筹资金 Self-raising Funds	其他 Others
2000	3175132	228710	40862	437885	20233	188800	96164	1885598	276880
2001	2849243	328967		310452	12744	118488	144344	1724053	210195
2002	4042259	472630		502878	5045	163528	88225	2478586	331367
2003	4309430	520660	26544	838338		178465	78795	2464967	201661
2004	4909666	412915	31012	979490		212152	83381	2954103	236614
2005	3153043	671408	24481			212292		1911277	333585
2006	3328865	771171	118653			290750		1781509	366782
2007	4323681	1005975	219184			594419		2182566	321537
2008	4988317	1404392	277876			389544		2350969	565535
2009	8088050	2648216	593286			526050		3334543	985954
2010	9188067	3102910	785587			472065		3159588	1667918

年份 Year	完成投资 合计 Total Completed Investment	国家预算内拨款 National Budget Allocation	国家预算内专项资金 Special Funds from National Budget	财政专项资金 Financial Special Funds	重大水利工程建设基金 Major Water Project Construction Funds	水利建设基金 Water Project Construction Funds	土地出让收益 Land Revenue	自筹资金 Self-raising Funds	其他 Others
2011	12236742	3122803	272666	2188692	158941	501415	121455	4061132	1809637
2012	14644959	3490796	204461	3778785	387799	823099	256976	3502871	2200172
2013	15420031	3628048	109293	4330599	256673	898681	207592	3602855	2386289
2014	18624883	4699739	8147	5242028	296632	1181742	294426	3398976	3503193

注　本表的国家预算内专项资金是通过其他渠道下达的中央转贷地方国债资金。2011 年、2012 年、2013 年、2014 年"其他"中含水资源费完成投资。

Note　The special funds from national budget in this table are sourced from national bonds transferred from the Central Government to local government. The "Others" of 2011 and 2012 and 2013 and 2014 in the table include completed investment sourced from water resources fee.

6-16 2014 年分资金来源地方政府水利建设投资完成额（按地区分）

Completed Investment of Local Government Funding for Water Project Construction by Financial Resources in 2014 (by Region)

单位：万元   unit: 10⁴ yuan

地区 Region		完成投资 合计 Total Completed Investment	国家预算内拨款 National Budget Allocation	国家预算内专项资金 Special Funds from National Budget	财政专项资金 Financial Special Funds	水利建设基金 Water Project Construction Funds	重大水利工程建设基金 Major Water Project Construction Funds	土地出让收益 Land Revenue	水资源费 Water Resources Fee	自筹资金 Self-raising Funds	其他 Others
合 计	Total	18624883	4699739	8147	5242028	1181742	296632	294426	575182	3398976	2928012
北 京	Beijing	125457	72452		10339	5139					37527
天 津	Tianjin	90492			44739	69		5457		40226	
河 北	Hebei	752399	304823		111385					336192	
山 西	Shanxi	779115	38370	1027	78117	5313	16766	224	519406	55381	64511
内蒙古	Inner Mongolia	258186	16140		39401	137026	9124			48461	8034
辽 宁	Liaoning	370022	54651		163709		40000	1107		32476	78079
吉 林	Jilin	451638	245623		76969	100287		120		24529	4111
黑龙江	Heilongjiang	215326	72426		46474					96426	
上 海	Shanghai	920453	675854		234974	415		9210			
江 苏	Jiangsu	1811758	1054842	100	169086	74070		2860		485560	25240
浙 江	Zhejiang	3218193	794680	334	861587	637739	52611	120794		402704	347743
安 徽	Anhui	631957	71071	75	142489	2573				313706	102043
福 建	Fujian	312018	98613		103861	24838	297	8883		25878	49649
江 西	Jiangxi	420845	27726	98	188685	1533	150	755		99243	102655
山 东	Shandong	1153317	42597	1618	297074					594531	217497
河 南	Henan	392141	1233		276210					190	114508
湖 北	Hubei	484865	15635	20	260544	41159		35211	3593	46465	82238
湖 南	Hunan	549570	303162		195387					26077	24944
广 东	Guangdong	1029717			699493	3607		4622		181930	140065
广 西	Guangxi	175471	37720		6903	56481				74367	
海 南	Hainan	38775	17565		20290					879	42
重 庆	Chongqing	806969	13038	695	260238	2670			5043	16936	508349
四 川	Sichuan	1007177	41561		187250	2633	73022		12216	99935	590560
贵 州	Guizhou	353282	249210	35	46912	2611	28484	10	295	18401	7324
云 南	Yunnan	1077781	271098	4054	136477	8551	31086	102534	34498	292780	196703
西 藏	Tibet	33292			18088					15204	
陕 西	Shaanxi	507468	38072	27	266344	20192	25500	468		1133	155732
甘 肃	Gansu	157293	18749	64	57064	14632	15397	2000	130	5560	43697
青 海	Qinghai	59537	18815		17949		865			30	21878
宁 夏	Ningxia	90132	250		88488			171		768	456
新 疆	Xinjiang	350234	103762		135500	40205	3330			63011	4426

注 本表的国家预算内专项资金是通过其他渠道下达的中央转贷地方国债资金。

Note The special funds from national budget are sourced from the national bonds transferred from the Central Government to local governments.

6-17　历年分中央和地方项目水利建设投资完成额

Completed Investment for Water Project Construction Divided by Central and Local Governments and Year

单位：万元　　　　　　　　　　　　　　　　　　　　　　　　　　　　　　　　　　　　　unit: 10^4 yuan

年份 Year	完成投资 合计 Total Completed Investment	中央项目 完成投资 Completed Investment of Central Government Projects	#国家预算 内投资 Investment from National Budget	地方项目 完成投资 Completed Investment of Local Government Projects	#国家预算 内投资 Investment from National Budget
2000	6129331				
2001	5607065				
2002	8192153	1250858	893363	6941295	3427941
2003	7434176	964952	643859	6469224	2760555
2004	7835450	1429738	566833	6405712	692066
2005	7468483	1227628	988583	6240855	2438382
2006	7938444	1610784	650071	6327660	510299
2007	9448538	1544575	1380809	7903963	3954252
2008	10882012	1092053	845889	9789959	5267405
2009	18940321	2068697	1458349	16871624	10183409
2010	23199265	4427984	2619536	18771281	9054547
2011	30860284	5974864	4732388	24885419	15369941
2012	39642358	6654250	5474212	32988108	23285733
2013	37576331	4304507	4221775	33271824	21078994
2014	40831354	1436675	1368284	39394679	33741709

注　国家预算内投资包括预算内拨款（指财政预算内经营性或非经营性资金支出）、预算内专项资金和水利建设基金。

Note　Investment from national budget includes allocation from budget (here refers to business and non-business expenditure from national budget), special funds from budget and water project construction funds.

6-18 2014 年分中央和地方项目水利建设投资完成额（按地区分）

Completed Investment for Water Project Construction Divided by Central and Local Governments in 2014 (by Region)

单位：万元   unit: 10^4 yuan

地区	Region	完成投资合计 Total Completed Investment	中央项目完成投资 Completed Investment of Central Government Projects	#国家预算内投资 Investment from National Budget	#国家预算内拨款 Allocation from National Budget	地方项目完成投资 Completed Investment of Local Government Projects	#国家预算内投资 Investment from National Budget	#国家预算内拨款 Allocation from National Budget
合 计	Total	40831354	1436675	1368284	191711	39394679	33741709	12628718
北 京	Beijing	177519	27702	27702	27702	149817	149817	73905
天 津	Tianjin	243350	4890	4890	4890	238460	169665	42971
河 北	Hebei	2421197	10291	10291	10291	2410906	1617480	634161
山 西	Shanxi	1101049	9431	9431	4403	1091619	1052363	141220
内蒙古	Inner Mongolia	661793	2404	2404	2404	659389	607338	189669
辽 宁	Liaoning	1287711	981	981	981	1286730	938422	477128
吉 林	Jilin	1098760	4635	4635	4635	1094125	928392	468962
黑龙江	Heilongjiang	1171411	3859	3859	3859	1167552	1147552	867753
上 海	Shanghai	965342	9160	9160	9160	956183	931290	678578
江 苏	Jiangsu	2365315	42820	19940	7120	2322495	2231484	1277098
浙 江	Zhejiang	4842777				4842777	3496896	935017
安 徽	Anhui	1398097	9987	9529	9529	1388110	1388110	535858
福 建	Fujian	739965				739965	672970	284949
江 西	Jiangxi	1194566				1194566	1113534	347214
山 东	Shandong	1759018	104186	104186	12702	1654832	1638763	259959
河 南	Henan	1772342	556735	556682	26597	1215607	1173261	466902
湖 北	Hubei	1765397	560326	560326	28170	1205071	1149120	316119
湖 南	Hunan	1473250	1099	1099	1099	1472151	1441373	765921
广 东	Guangdong	1307724	9139	9139	9139	1298585	1261895	41030
广 西	Guangxi	850647	60967	15967	15967	789680	788220	335570
海 南	Hainan	147177				147177	107359	57506
重 庆	Chongqing	2020812	239	239	239	2020573	1437183	303554
四 川	Sichuan	1958335				1958335	1861336	406377
贵 州	Guizhou	1044384				1044384	883946	534892
云 南	Yunnan	2567797				2567797	1859359	586261
西 藏	Tibet	337214				337214	269937	155254
陕 西	Shaanxi	1364898	8724	8724	3724	1356174	1033566	343621
甘 肃	Gansu	874387	6947	6947	6947	867440	694152	342682
青 海	Qinghai	232419	2153	2153	2153	230266	221618	110128
宁 夏	Ningxia	319214				319214	316900	123976
新 疆	Xinjiang	1367485				1367485	1158408	524483

注 国家预算内投资包括预算内拨款（指财政预算内经营性或非经营性资金支出）、预算内专项资金和水利建设基金。

Note Investments from national budget include allocation from budget (here refers to business and non-business expenditure from national budget), and special funds from budget and water project construction funds.

6-19　历年分资金来源水利建设投资完成额

Completed Investment for Water Project Construction by Financial Sources and Year

单位：万元　　　　　　　　　　　　　　　　　　　　　　　　　　　　　　　　　　　　unit: 10⁴ yuan

年份 Year	完成投资 合计 Total Completed Investment	国家 投资 National Investment	国内 贷款 Domestic Loan	债券 Bonds	水利建 设基金 Water Project Investment Funds	企业和私 人投资 Company and Private Investment	利用 外资 Foreign Investment	自筹 投资 Self- raising Funds	以工 代赈 Labor for Subsidy	其他 Others
1989	355508	227082	14537				11131	86035		16723
1990	487203	278314	20532				22100	135075		31182
1991	648677	339331	48209				59562	172800		28775
1992	1092231	365583	90528				54233	302079	120561	159247
1993	1352846	388237	234441				60343	376303	112057	181465
1994	1687140	421409	389491				148003	500900		227337
1995	2062088	529962	476092				247177	564120		244737
1996	2432539	668533	527637	595			246354	728528	47301	213591
1997	3154061	860940	456094	5040	199311		330697	1010467		291512

年份 Year	完成投资 合计 Total Completed Investment	国家预算 内拨款 National Budget Allocation	国家预算内 专项资金 Special Funds from National Budget	国内 贷款 Domestic Loan	债券 Bonds	水利建 设基金 Water Project Investment Funds	企业和私 人投资 Company and Private Investment	利用 外资 Foreign Investment	自筹 投资 Self- raising Funds	财政专项 资金 Financial Special Funds	其他 Others
1998	4676865	995338	1107358	562135		180526		209127	1302536		319845
1999	4991476	857574	1398239	369829	219563	236018		203968	1409224		297061
2000	6129331	722894	2152266	478405	30355	322969		232487	1900309		289646
2001	5607065	891427	1933136	325480	12744	209879		275515	1741860		217024
2002	8192153	1129568	3191917	552078	11735	275895		202498	2487278		341184
2003	7434176	1058321	2346093	914163	2080	294907		103420	2471857		243335
2004	7835450	1258899	1922409	1026356		287902		122315	2962934		254634
2005	7468483	1330632	1793636	941809		302698	507175	192643	1914776		485114
2006	7938444	1931541	1847169	806606		361223	338470	143434	1784897		725104
2007	9448538	2700258	1956989	833576	400	677814	383498	94756	2199398		601848
2008	10882012	3903636	1604711	969469		604949	358735	105085	2353630		981800
2009	18940321	9299491	1287604	1528610		1054664	414027	75675	3338654		1941596
2010	23199265	9180534	947861	3374355	25299	2151824	480135	13058	3161926		3864273
2011	30860284	8988189	291662	2703080	38614	796110	749193	44176	4068349	5648074	7532837
2012	39642358	12914781	253770	2655028	51882	1200487	1133757	41295	3504219	10042017	7845122
2013	37576331	11367534	127330	1726871	17221	1080554	1607082	85724	3606718	9374510	8582786
2014	40831354	12820428	23949	2996401		2691996	899416	43286	3398976	11592375	6364525

注　2011 年、2012 年和 2013 年"其他"投资中含重大水利工程建设基金，分别为 437.8 亿元、434.9 亿元和 412.6 亿元。

Note　"Others" of 2011 and 2012 and 2013 in the table, including the Major Water Project Construction Funds, are 43.78 billion yuan, 43.49 billion yuan and 41.26 billion yuan respectively.

6-20　2014 年分资金来源水利建设投资完成额（按地区分）（一）

Completed Investment for Water Project Construction by Financial Sources in 2014 (by Region) (1)

单位：万元　　　　　　　　　　　　　　　　　　　　　　　　　　　　　　　　unit: 10^4 yuan

地区 Region		完成投资合计 Total Completed Investment	国家预算内拨款 National Budget Allocation	国家预算内专项资金 Special Funds from National Budget	国家财政专项资金 Financial Special Funds	国内贷款 Domestic Loan	水利建设基金 Water Project Investment Funds	企业和私人投资 Company and Private Investment	利用外资 Foreign Investment	自筹投资 Self-raising Funds	其他 Others
合　计	Total	40831354	12820428	23949	11592375	2996401	2691996	899416	43286	3398976	6364525
北　京	Beijing	177519	101607		33246		5139				37527
天　津	Tianjin	243350	47861		80941		69	67587		40226	6666
河　北	Hebei	2421197	644452		647057	738927	70	309		336192	54190
山　西	Shanxi	1101049	145623	5807	219374	8781	27106	20157		55381	618821
内蒙古	Inner Mongolia	661793	192073		170010	29400	146371			48461	75478
辽　宁	Liaoning	1287711	478109		294681	273135	40000	691		32476	168620
吉　林	Jilin	1098760	473597	1464	302260	151275	100406	6074		24529	39155
黑龙江	Heilongjiang	1171411	871612	1800	181573	20000				96426	
上　海	Shanghai	965342	687738		243086		415	24893			9210
江　苏	Jiangsu	2365315	1284218	960	336723	77204	86890		2765	485560	90995
浙　江	Zhejiang	4842777	935017	1234	995742	772407	693562	51165	9872	402704	981075
安　徽	Anhui	1398097	545387	1352	376525		4726		458	313706	155943
福　建	Fujian	739965	284949		270547	23930	25135	16200		25878	93326
江　西	Jiangxi	1194566	347214	98	553229	6050	8320	54377	10684	99243	115351
山　东	Shandong	1759018	272661	1618	565158	11890	91484		10	594531	221666
河　南	Henan	1772342	493499	1130	490921	12254	529895	53		190	244400
湖　北	Hubei	1765397	344289	20	582682	6796	573315	47688		46465	164142
湖　南	Hunan	1473250	767020		624431	30000		568		26077	25154
广　东	Guangdong	1307724	50169		879897	8574	3607	19158		181930	164389
广　西	Guangxi	850647	351537		321802	20731	56481	25312		74367	417
海　南	Hainan	147177	57506		48934	21860		10458		879	7542
重　庆	Chongqing	2020812	303793	695	492384	34592	12316	161167	4173	16936	994757
四　川	Sichuan	1958335	406377	2220	612026	4200	85710	52321	7000	99935	688547
贵　州	Guizhou	1044384	534892	1406	288914	120661	31254	32718	1068	18401	15070
云　南	Yunnan	2567797	586261	4054	521145	138271	43644	160765		292780	820877
西　藏	Tibet	337214	155254		99479	67277				15204	
陕　西	Shaanxi	1364898	347345	27	446315	225101	51652	48424		1133	244902
甘　肃	Gansu	874387	349630	64	239562	57509	30029	45832		5560	146202
青　海	Qinghai	232419	112281		87870		865			30	31372
宁　夏	Ningxia	319214	123976		186455					768	8016
新　疆	Xinjiang	1367485	524483		399406	135577	43535	53502	7256	63011	140714

注　"其他"项中含有债券、重大水利建设基金、土地出让收益、水资源费完成额。

Note　"Others" in the table include completed investment of bonds, major water project construction funds, land sale revenue and water resources fee.

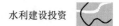

6-21 2014年分资金来源水利建设投资完成额（按地区分）（二）

Completed Investment for Water Project Construction by Financial Sources in 2014 (by Region) (2)

单位：万元   unit: 10⁴ yuan

地区	Region	完成投资 合计 Total Completed Investment	政府投资① Government Investment	中央 Central	地方 Local	国内贷款 Domestic Loan	企业和 私人投资 Company and Private Investment	利用外资 Foreign Investment	债券 Bonds	其他 Others
合 计	Total	**40831354**	**35109993**	**16485110**	**18624883**	**2996401**	**899416**	**43286**	**17200**	**1765057**
北 京	Beijing	177519	177519	52062	125457					
天 津	Tianjin	243350	174555	84063	90492		67587			1209
河 北	Hebei	2421197	1627771	875372	752399	738927	309			54190
山 西	Shanxi	1101049	1061793	282679	779115	8781	20157			10318
内蒙古	Inner Mongolia	661793	609742	351556	258186	29400				22651
辽 宁	Liaoning	1287711	939403	569381	370022	273135	691			74483
吉 林	Jilin	1098760	933027	481388	451638	151275	6074			8384
黑龙江	Heilongjiang	1171411	1151411	936085	215326	20000				
上 海	Shanghai	965342	940449	19996	920453		24893			
江 苏	Jiangsu	2365315	2251424	439666	1811758	77204		2765		33922
浙 江	Zhejiang	4842777	3496896	278703	3218193	772407	51165	9872	5000	507438
安 徽	Anhui	1398097	1397639	765682	631957		458			
福 建	Fujian	739965	672970	360952	312018	23930	16200		12000	14865
江 西	Jiangxi	1194566	1113534	692689	420845	6050	54377	10684		9921
山 东	Shandong	1759018	1742949	589632	1153317	11890		10		4169
河 南	Henan	1772342	1729943	1337802	392141	12254	53			30092
湖 北	Hubei	1765397	1709446	1224581	484865	6796	47688		200	1267
湖 南	Hunan	1473250	1442472	892901	549570	30000	568			210
广 东	Guangdong	1307724	1271034	241317	1029717	8574	19158			8959
广 西	Guangxi	850647	804187	628716	175471	20731	25312			417
海 南	Hainan	147177	107359	68585	38775	21860	10458			7500
重 庆	Chongqing	2020812	1437422	630454	806969	34592	161167	4173		383457
四 川	Sichuan	1958335	1861336	854159	1007177	4200	52321	7000		33478
贵 州	Guizhou	1044384	883946	530664	353282	120661	32718	1068		5991
云 南	Yunnan	2567797	1859359	781578	1077781	138271	160765			409402
西 藏	Tibet	337214	269937	236645	33292	67277				
陕 西	Shaanxi	1364898	1042290	534822	507468	225101	48424			49084
甘 肃	Gansu	874387	701099	543807	157293	57509	45832			69947
青 海	Qinghai	232419	223771	164234	59537					8647
宁 夏	Ningxia	319214	316900	226767	90132					2314
新 疆	Xinjiang	1367485	1158408	808173	350234	135577	53502	7256		12742

① 政府投资指中央及地方各级政府完成的水利建设的各项财政资金（包括预算内非经营性基金、国债专项资金和水利建设基金等）和政府部门自筹投资等。

① Government investment refers to all sorts of financial funds from Central Government and local governments at all levels (including non-business funds from budget, special funds and bonds and water project construction funds) and self-raising funds of governmental departments.

6-22 历年分用途水利建设投资完成额

Completed Investment for Water Project Construction
by Function and Year

单位：万元　　　　　　　　　　　　　　　　　　　　　　　　　　　　　　　　　　　unit: 10^4 yuan

年份 Year	完成投资 合计 Total Completed Investment	水库 Reservoir	防洪 Flood Control	灌溉 Irrigation	除涝 Drainage	供水 Water Supply	水电 Hydropower	水保及 生态 Soil Conservation and Ecological Restoration	机构能 力建设 Capacity Building	前期 工作 Early-stage Work	其他 Others
1959	245190	148925	6622	63854	5634						20155
1960	333941	171127	10196	117441	7804						27373
1961	96041	60217	2629	16339	3161						13696
1962	77990	40899	2966	9586	5773						18766
1963	86760	43349	9735	10915	15006						7755
1979	370400	99352	36856	96545	44911						92736
1980	270700	91673	29628	61211	27240						60948
1981	135700	52191	20783	23579	7469						31678
1982	174737	51607	8641	28606	8323						77560
1983	211296	56110	20271	36301	10250						88364
1984	206828	56174	23682	42147	13752						71073
1985	201580	53477	32567	43146	14887						57503
1986	228702	53937	43456	46689	12542	12272					59806
1987	271012	75211	58208	51691	17169	5222					63511
1988	306454	82400	71690	59632	17501	2533					72698
1989	355508	105133	72675	73017	20855	3674					80154
1990	487203	135140	102015	105913	21430	35619					87086
1991	648677	139023	138463	123888	28583	55188	98356				65176
1992	971670	198994	221794	161717	50616	95338	154145				89066
1993	1249260	308558	236551	176821	39098	119747	243324				125161
1994	1687353	436379	242735	162911	57023	237327	393176				157802
1995	2063156	589771	318514	182524	68919	139079	581660				182689
1996	2385240	919545	362152	231447	73659	143625	486151				168661
1997	3154061	1001367	510191	307183	65073	284668	791548				194031
1998	4676865	1131204	1570617	591833	91479	277736	704240				309756
1999	4991576	1122989	2266682	280571	109693	287314	473833	120034			330460
2000	6129331	960273	3049937	537250	110118	410900	563284	182927			314642
2001	5607065		3083006	703721	112183	806205	301137	176624	192108	88888	143538
2002	8192153		4407481	1000174	103544	1515592	466745	319977	169155	68250	141236
2003	7434176		3350814	1045892	88164	1206149	622774	519068	161628	93008	346678
2004	7835450		3579295	875545	90180	1307918	715307	587101	71699	103206	505200
2005	7468483		2781555	1065966	146744	1165206	654724	391856	224008	102562	935862
2006	7938444		2787116	1094704	94098	2082293	573234	422184	65560	136359	682897
2007	9448538		2985677	1039159	199132	3011747	664919	603164	88527	116046	740166
2008	10882012		3465187	1165918	235203	3512571	773709	768749	106007	160441	694229
2009	18940321		6287388	2482320	460735	6178105	720419	867355	106040	158802	1679157
2010	23199265		6635903	3342666	210569	7362713	1053896	858998	195615	248711	3290195
2011	30860284		9962265	4691165	220764	8150170	1090134	953860	402459	420380	4969087
2012	39642358		13942837	6344734	316750	12770928	1171955	1181181	595519	407417	2911038
2013	37576331		13044565	6717187	313072	10614102	1644196	1028920	525410	407346	3281531
2014	40831354		14674482	8230453	551045	10291072	2169022	1412978	409444	650643	2442215

注　1998 年前未细分出水保及生态，均放于"其他"中；2001 年以后，水库投资已按用途分摊到有关工程类型中。

Note　Soil and water conservation and ecological restoration projects are grouped into other projects before the year of 1998. After the year of 2001, the investment of reservoir has been grouped into other projects in accordance with its function.

6-23 2014年分用途水利建设投资完成额（按地区分）

Completed Investment for Water Project Construction by Function in 2014
(by Region)

单位：万元   unit: 10^4 yuan

地区	Region	完成投资合计 Total Completed Investment	防洪 Flood Control	灌溉 Irrigation	除涝 Drainage	供水 Water Supply	水电 Hydropower	水保及生态 Soil Conservation and Ecological Restoration	机构能力建设 Capacity Building	前期工作 Early-stage Work	其他 Others
合　计	Total	40831354	14674482	8230453	551045	10291072	2169022	1412978	409444	650643	2442215
北　京	Beijing	177519	124610	16855		511		6629	16807	6675	5432
天　津	Tianjin	243350	188394	26811		6901	3413	2327	2496	3290	9718
河　北	Hebei	2421197	365920	529801	8257	1436530	16819	44261	16427	2519	662
山　西	Shanxi	1101049	142776	211403	100	548411	28010	62312	10358	4075	93605
内蒙古	Inner Mongolia	661793	165079	262259		140868	1301	38868	11665	32228	9525
辽　宁	Liaoning	1287711	322302	91840	2931	815514	6808	26250	7364	389	14313
吉　林	Jilin	1098760	379865	214598	3210	416935	41395	19159	14584	2119	6896
黑龙江	Heilongjiang	1171411	814649	191462		140750	14023	6668	3859		
上　海	Shanghai	965342	754644	149027	19385	15464		22682	3161	980	
江　苏	Jiangsu	2365315	1491897	385911	119335	155342	4232	131701	11141	17094	48660
浙　江	Zhejiang	4842777	2488703	216209	229076	311117	15556	348302	19954	209931	1003929
安　徽	Anhui	1398097	678593	198806	6960	294514	34677	24701	17437	6478	135931
福　建	Fujian	739965	289329	59567	1423	227481	89996	26520	130	29201	16317
江　西	Jiangxi	1194566	609235	226478	5408	151360	99476	27622	7286	6798	60903
山　东	Shandong	1759018	424876	411176	9339	809421	4225	36360	19138	36363	8122
河　南	Henan	1772342	366046	394606	3788	921774	21754	26009	18683	8918	10764
湖　北	Hubei	1765397	352871	287593	17940	394258	132338	48656	32285	14581	484877
湖　南	Hunan	1473250	692610	205032	7648	269033	230327	31421	10703	13279	13197
广　东	Guangdong	1307724	514017	349159	99925	98497	80102	99539	21466	3991	41029
广　西	Guangxi	850647	290015	143881		251430	89270	27088	27067	4076	17820
海　南	Hainan	147177	24317	17740		40881	44982	4872	1490	6734	6162
重　庆	Chongqing	2020812	607073	591790	11115	345771	124963	48349	33042	65466	193241
四　川	Sichuan	1958335	414768	563655	1445	289942	612960	29454	20540	9561	16011
贵　州	Guizhou	1044384	239082	260108	1247	405597	38245	27384	15371	38406	18944
云　南	Yunnan	2567797	756010	801873	502	614288	166736	64605	7872	32639	123273
西　藏	Tibet	337214	57190	106511		135097	25593	3493	8700		630
陕　西	Shaanxi	1364898	504835	239031		335704	59684	106912	9396	32068	77267
甘　肃	Gansu	874387	143784	284719		316595	68258	33003	12865	13541	1622
青　海	Qinghai	232419	59894	72550		75026	5897	15879	855	2153	165
宁　夏	Ningxia	319214	113914	90401	2009	95574	552	15212	400	730	422
新　疆	Xinjiang	1367485	297184	629603		230487	107429	6739	26902	46363	22779

6-24 历年各水资源分区水利建设投资完成额

Completed Investment for Water Project Construction by Water Resources Sub-region and Year

单位：亿元

unit: 10^8 yuan

年份 Year	完成投资 合计 Total Completed Investment	松花江区 Songhua River	辽河区 Liaohe River	海河区 Haihe River	黄河区 Yellow River	淮河区 Huaihe River	长江区 Yangtze River	珠江区 Pearl River	东南诸河区 Rivers in Southeast	西南诸河区 Rivers in Southwest	西北诸河区 Rivers in Northwest
1975	26.06			2.73	4.75	3.66	6.99				
1980	27.07	1.15	0.53	2.73	4.47	2.79	7.12	1.41			
1985	20.16	0.73	0.41	2.55	4.20	1.81	5.25	1.52			
1990	48.72	2.25	3.01	4.06	8.86	3.92	14.75	4.66			
1991	64.87	2.39	3.00	3.88	11.08	5.99	18.84	9.51			
1992	97.17	4.71	3.62	6.40	16.35	9.37	32.11	12.26			
1993	124.93	3.77	6.20	11.62	24.26	7.74	39.27	13.49			
1994	168.74	6.13	5.21	12.38	33.36	12.08	51.47	21.04			
1995	206.32	5.38	6.96	14.00	52.51	16.15	59.88	17.38			
1996	238.52	4.08	3.63	20.34	68.03	17.17	58.17	21.95			
1997	315.41	5.01	2.81	20.91	92.58	18.25	72.32	38.39			
1998	467.56	13.47	3.54	31.28	116.17	29.78	125.73	50.36			
1999	499.16	6.29	26.40	21.44	104.67	33.85	157.97	43.47			
2000	612.93	9.42	24.23	47.21	95.84	38.25	218.37	62.45			
2001	560.71	16.49	7.47	33.54	100.03	32.83	186.58	50.86			
2002	819.22	38.95	12.43	62.20	108.50	46.20	283.38	77.17			
2003	743.42	41.54	10.19	61.83	86.86	51.32	210.65	66.39			
2004	783.55	32.63	11.54	55.43	108.92	84.52	207.31	69.22			
2005	746.85	30.89	21.77	51.60	95.04	80.70	210.76	81.38	91.17	16.83	66.69
2006	793.84	31.44	23.88	112.82	78.46	87.15	219.32	76.83	73.69	16.48	73.80
2007	944.85	33.13	28.55	101.84	111.53	130.89	290.87	75.21	75.59	21.85	75.40
2008	1088.20	38.20	40.88	81.91	123.09	118.48	375.07	100.30	88.54	25.79	95.95
2009	1894.03	73.67	81.11	160.97	281.24	206.18	614.21	195.60	117.72	38.41	124.91
2010	2319.93	74.47	53.95	247.07	341.84	171.35	808.78	262.40	169.50	64.49	126.09
2011	3086.03	124.36	75.43	220.53	528.32	225.73	1230.97	285.94	194.66	68.42	131.67
2012	3964.24	198.92	111.42	274.40	709.14	288.06	1487.49	294.51	293.46	118.04	188.79
2013	3757.63	106.49	125.95	330.83	386.57	366.86	1713.12	256.09	64.95	157.19	249.57
2014	4083.14	235.93	152.26	362.67	354.91	375.22	1712.14	312.55	239.56	163.86	174.04

注 2005 年以前，本表按照流域统计当年投资完成额，其中东南诸河区、西南诸河区、西北诸河区未作细分。

Note Before the year of 2005, the completed investment of the year in this table is calculated based on river basins, and the data of rivers in southeast, rivers in southwest, rivers in northwest, are not given.

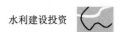

6-25　2014年各水资源分区水利建设投资完成额（按地区分）

Completed Investment for Water Project Construction by Water Resources Sub-region in 2014 (by Region)

单位：万元　　　　　　　　　　　　　　　　　　　　　　　　　　　　　　　　　　　　unit: 10⁴ yuan

地区 Region	完成投资合计 Total Completed Investment	松花江区 Songhua River	辽河区 Liaohe River	海河区 Haihe River	黄河区 Yellow River	淮河区 Huaihe River	长江区 Yangtze River	珠江区 Pearl River	东南诸河区 Rivers in Southeast	西南诸河区 Rivers in Southwest	西北诸河区 Rivers in Northwest
合计 Total	40831354	2359294	1522630	3626722	3549130	3752162	17121399	3125478	2395583	1638599	1740357
北京 Beijing	177519			177519							
天津 Tianjin	243350			243350							
河北 Hebei	2421197			2421197							
山西 Shanxi	1101049			284477	816572						
内蒙古 Inner Mongolia	661793	150810	175005	5858	285983						44137
辽宁 Liaoning	1287711	4996	1280942	1774							
吉林 Jilin	1098760	1032077	66683								
黑龙江 Heilongjiang	1171411	1171411									
上海 Shanghai	965342						965342				
江苏 Jiangsu	2365315					1112006	1253308				
浙江 Zhejiang	4842777						3165782		1676995		
安徽 Anhui	1398097					629132	766765		2200		
福建 Fujian	739965							23576	716389		
江西 Jiangxi	1194566						1194566				
山东 Shandong	1759018			400188	137134	1183596	38100				
河南 Henan	1772342			92359	226191	827291	626500				
湖北 Hubei	1765397					136	1765261				
湖南 Hunan	1473250						1448185	25065			
广东 Guangdong	1307724							1307724			
广西 Guangxi	850647						5096	845551			
海南 Hainan	147177							147177			
重庆 Chongqing	2020812						2020812				
四川 Sichuan	1958335						1958335				
贵州 Guizhou	1044384						743871	300513			
云南 Yunnan	2567797						798264	475871		1293662	
西藏 Tibet	337214									337214	
陕西 Shaanxi	1364898				1079891		285007				
甘肃 Gansu	874387				495052		73708				305627
青海 Qinghai	232419				189092		12496			7723	23108
宁夏 Ningxia	319214				319214						
新疆 Xinjiang	1367485										1367485

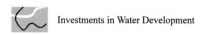

6-26　历年分隶属关系水利建设投资完成额

Completed Investment for Water Project Construction by Ownership and Year

单位：万元 　　　　　　　　　　　　　　　　　　　　　　　　　　　　　unit: 10⁴ yuan

年份 Year	完成投资 合计 Total Completed Investment	中央属 Central Government	省属 Provincial Governments	地市属 Prefectures and Cities	县属 Counties	其他 Others
1999	4991576	1275512	1626012	1216724	764316	109012
2000	6129331	1385363	2465371	1187976	974035	116586
2001	5607065	1219487	2237784	1070939	976605	102250
2002	8192153	1250858	3454247	1818716	1668332	
2003	7434176	964952	3239531	1458719	1699661	71313
2004	7835450	1429738	2900010	1642748	1518628	343126
2005	7468483	1227628	2548527	1882009	1579786	230533
2006	7938444	1610784	2260775	2010232	1825458	231196
2007	9448538	1544575	2891368	2389052	2266202	357341
2008	10882012	1092053	3193009	2675569	3667281	254100
2009	18940321	2068697	4693782	4906296	7119662	151884
2010	23199265	4427984	5147607	4886393	8160858	576423
2011	30860284	5974864	5766091	5401723	13539071	178534
2012	39642358	6654250	7100709	6133605	19751460	2333
2013	37576331	4304507	7201760	5405134	20578714	86216
2014	40831354	1436675	8882262	5732513	24660484	119421

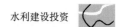

6-27 2014年分隶属关系水利建设投资完成额（按地区分）

Completed Investment for Water Project Construction by Ownership in 2014 (by Region)

单位：万元   unit: 10^4 yuan

地区	Region	完成投资 合计 Total Completed Investment	中央属 Central Government	省属 Provincial Governments	地市属 Prefectures and Cities	县属 Counties	其他 Others
合 计	**Total**	**40831354**	**1436675**	**8882262**	**5732513**	**24660484**	**119421**
北 京	Beijing	177519	27702	74054	73302	2461	
天 津	Tianjin	243350	4890	170349	68111		
河 北	Hebei	2421197	10291	1222044	531793	657069	
山 西	Shanxi	1101049	9431	618527	59038	413322	731
内蒙古	Inner Mongolia	661793	2404	154942	33298	471149	
辽 宁	Liaoning	1287711	981	725910	232911	315605	12305
吉 林	Jilin	1098760	4635	271000	137644	685481	
黑龙江	Heilongjiang	1171411	3859	270089	82984	814480	
上 海	Shanghai	965342	9160	956183			
江 苏	Jiangsu	2365315	42820	470107	710745	1141643	
浙 江	Zhejiang	4842777		230496	908445	3703837	
安 徽	Anhui	1398097	9987	450809	438433	498867	
福 建	Fujian	739965			70186	669779	
江 西	Jiangxi	1194566		363493	129790	701015	267
山 东	Shandong	1759018	104186	81149	434852	1138831	
河 南	Henan	1772342	556735	451280	176238	588090	
湖 北	Hubei	1765397	560326	58803	86235	1060033	
湖 南	Hunan	1473250	1099	69784	71808	1330559	
广 东	Guangdong	1307724	9139	42320	305992	948946	1328
广 西	Guangxi	850647	60967	2042	62287	723952	1400
海 南	Hainan	147177		54910	6455	85813	
重 庆	Chongqing	2020812	239	29132		1991441	
四 川	Sichuan	1958335		714177	128876	1108636	6646
贵 州	Guizhou	1044384		54651	115539	869738	4456
云 南	Yunnan	2567797		34176	279580	2251940	2101
西 藏	Tibet	337214		129238	52205	148964	6807
陕 西	Shaanxi	1364898	8724	552187	150395	652872	721
甘 肃	Gansu	874387	6947	109509	55670	687694	14567
青 海	Qinghai	232419	2153	44564	7753	177740	209
宁 夏	Ningxia	319214		179623	29317	110274	
新 疆	Xinjiang	1367485		296714	292630	710257	67883

Investments in Water Development

6-28 历年分建设性质水利建设投资完成额
Completed Investment of Water Projects by Construction Type and Year

单位：万元　　　　　　　　　　　　　　　　　　　　　　　　　　　　　unit: 10⁴ yuan

年份 Year	完成投资 合计 Total Completed Investment	新建 Newly- constructed	扩建 Expansion	改建 Rehabilitation	建造生活 设施 Domestic Facilities	迁建 Relocation Construction	恢复 Restoration	单纯购置 Procurement Only	前期工作 Early-stage Work
2000	6129331	3118348	945106	1922485	5471	30586	98502	8833	
2001	5607065	3142493	799554	1555439	1419	3808	98859	5453	
2002	8192153	4370052	985730	2583175	4554	16425	225996	6221	
2003	7434176	4612389	748559	1922749	855	16889	125502	7234	
2004	7835450	5232176	787089	1648118	1697	552	160443	5376	
2005	7468483	5169892	913465	1254193	5989	435	116656	7852	
2006	7938444	5836456	679318	1243188		13730	58633	5082	102036
2007	9448538	6622152	809702	1855168		1888	78782	10328	70518
2008	10882012	6937057	809372	2881669	12990	14725	148107	8967	69126
2009	18940321	11696786	1340990	5704611	1291	10202	54847	6191	125403
2010	23199265	16492525	1262254	5091019		12872	228757	15949	95888
2011	30860284	21901730	1789445	6385538	6766	26135	278805	63158	408708
2012	39642358	25536930	1299875	12321437		48364	241298	33045	161409
2013	37576331	25553378	1477689	9611358		15728	300676	94565	522008
2014	40831354	28633614	2327562	8894558		8277	371433	66884	529025

146

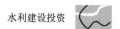

6-29 2014年分建设性质水利建设投资完成额（按地区分）

Completed Investment of Water Projects by Construction Type in 2014 (by Region)

单位：万元   unit: 10⁴ yuan

地区 Region		完成投资 合计 Total Completed Investment	新建 Newly- constructed	扩建 Expansion	改建 Rehabilitation	迁建 Relocation Construction	恢复 Restoration	单纯购置 Procurement Only	前期工作 Early-stage Work
合 计	**Total**	**40831354**	**28633614**	**2327562**	**8894558**	**8277**	**371433**	**66884**	**529025**
北 京	Beijing	177519	152170	3619	12247		1000	712	7771
天 津	Tianjin	243350	80723	136398	22039			900	3290
河 北	Hebei	2421197	2253601		159595		8000		
山 西	Shanxi	1101049	794747	74269	230019		929	1086	
内蒙古	Inner Mongolia	661793	319382	71724	240864			499	29324
辽 宁	Liaoning	1287711	1186272	10221	90943		275		
吉 林	Jilin	1098760	669797	11273	386480		20190	108	10913
黑龙江	Heilongjiang	1171411	1072643	34225	64544				
上 海	Shanghai	965342	577698	2744	376648			7273	980
江 苏	Jiangsu	2365315	1276845	226497	823276	3533	35164		
浙 江	Zhejiang	4842777	3473489	241862	1054065		61930	1340	10091
安 徽	Anhui	1398097	702696	9596	676203	1922	1836		5844
福 建	Fujian	739965	596507	70770	72688				
江 西	Jiangxi	1194566	466255	73501	653240			570	1000
山 东	Shandong	1759018	1306925	179397	271233			283	1180
河 南	Henan	1772342	1451198	35427	272161	190	6596		6770
湖 北	Hubei	1765397	692273	140509	579714			6430	346471
湖 南	Hunan	1473250	472583	373478	595278		31910		
广 东	Guangdong	1307724	731854	167865	361362	2493	41021	24	3105
广 西	Guangxi	850647	618657	55730	176261				
海 南	Hainan	147177	124036	14659	8146		336		
重 庆	Chongqing	2020812	1754168	27774	152815		36471	13026	36557
四 川	Sichuan	1958335	1761785	54957	88823	109	39207	6885	6569
贵 州	Guizhou	1044384	971972	7607	34061	30	28612	629	1473
云 南	Yunnan	2567797	1912823	118982	479344		42115	400	14134
西 藏	Tibet	337214	336664	100	450				
陕 西	Shaanxi	1364898	625171	39566	698052		360	1748	
甘 肃	Gansu	874387	715432	26727	125051		5177		2000
青 海	Qinghai	232419	213310		10718		5002	1235	2153
宁 夏	Ningxia	319214	237214	55036	21561		5303		100
新 疆	Xinjiang	1367485	1084723	63048	156677			23737	39300

6-30　历年分建设阶段水利建设投资完成额

Completed Investment of Water Projects by Construction Stage and Year

单位：万元　　　　　　　　　　　　　　　　　　　　　　　　　　　　　　　　　　　　　　unit: 10^4 yuan

年份 Year	完成投资 合计 Total Completed Investment	筹建 Preparation	当年正式 施工 Start Construction at the Present Year	当年收尾 Completed at the Present Year	全部 停缓建 Suspended or Cancelled	单纯购置 Procurement Only	前期工作 Early-stage Work
2000	6129331	3460	6066009	49828	303	9731	
2001	5607065	116523	5272460	208304	650	6080	
2002	8192153	164376	7780740	240816		6221	
2003	7434176	45986	7206884	170562	3510	7234	
2004	7835450	141607	7406704	273994	7763	5384	
2005	7468483		7394937	56826	8867	7852	
2006	7938444	40716	7651806	132829	14226	5082	93784
2007	9448538	61830	9017110	259879	11690	8836	89193
2008	10882012	82697	10607800	80926	11540	8967	90082
2009	18940321	352473	18322138	112391	23122	6191	124006
2010	23199265	211602	22783218	25864	8067	15949	154565
2011	30860284	556487	29784426	45422	2083	63158	408708
2012	39642358	687320	38714955	40132	5498	33045	161409
2013	37576331	696244	36176897	12888	8999	94565	584680
2014	40831354	1397937	38766904	22227	17572	66884	559830

6-31 2014 年分建设阶段水利建设投资完成额（按地区分）

Completed Investment of Water Projects by Construction Stage in 2014 (by Region)

单位：万元   unit: 10^4 yuan

地区 Region		完成投资 合计 Total Completed Investment	筹建 Preparation	当年正式 施工 Start Construction at the Present Year	当年收尾 Completed at the Present Year	全部 停缓建 Suspended or Cancelled	单纯购置 Procurement Only	前期工作 Early-stage Work
合 计	Total	40831354	1397937	38766904	22227	17572	66884	559830
北 京	Beijing	177519	2430	166606			712	7771
天 津	Tianjin	243350	740	238420			900	3290
河 北	Hebei	2421197	45499	2375697				
山 西	Shanxi	1101049	28930	1066603	4254	176	1086	
内蒙古	Inner Mongolia	661793		631970			499	29324
辽 宁	Liaoning	1287711	15398	1272313				
吉 林	Jilin	1098760	42731	1045008			108	10913
黑龙江	Heilongjiang	1171411		1171411				
上 海	Shanghai	965342	2254	954836			7273	980
江 苏	Jiangsu	2365315	95505	2260765	9044			
浙 江	Zhejiang	4842777	273926	4557420			1340	10091
安 徽	Anhui	1398097	23211	1369042				5844
福 建	Fujian	739965	46412	693553				
江 西	Jiangxi	1194566		1190486	2510		570	1000
山 东	Shandong	1759018	17318	1740237			283	1180
河 南	Henan	1772342	223	1765349				6770
湖 北	Hubei	1765397	17126	1395340		30	6430	346471
湖 南	Hunan	1473250	19209	1452942	1099			
广 东	Guangdong	1307724	285616	1017462	1517		24	3105
广 西	Guangxi	850647	90866	759548		233		
海 南	Hainan	147177		147177				
重 庆	Chongqing	2020812	46146	1907950		17133	13026	36557
四 川	Sichuan	1958335	42754	1870770	553		6885	37374
贵 州	Guizhou	1044384	25149	1017133			629	1473
云 南	Yunnan	2567797	56975	2496288			400	14134
西 藏	Tibet	337214		337214				
陕 西	Shaanxi	1364898	177704	1183389	2057		1748	
甘 肃	Gansu	874387	4432	867955				2000
青 海	Qinghai	232419	11879	217152			1235	2153
宁 夏	Ningxia	319214	22885	295037	1192			100
新 疆	Xinjiang	1367485	2620	1301828			23737	39300

6-32 历年分规模水利建设投资完成额

Completed Investment of Water Projects by Size of Water Project and Year

单位：万元   unit: 10^4 yuan

年份 Year	完成投资 合计 Total Completed Investment	大中型 Large and Medium	小型 Small	其他 Others
2000	6129331	3683398	2445343	
2001	5607065	3384402	2207202	15461
2002	8192153	3035528	5088159	68465
2003	7434176	2343713	4815522	274940
2004	7835450	2259955	5365376	210120
2005	7468483	3263029	3766332	439121
2006	7938444	2961707	4451579	525158
2007	9448538	3183673	5485744	779121
2008	10882012	2539432	8179610	162970
2009	18940321	4502610	14205434	232277
2010	23199265	6878706	16093909	226650
2011	30860284	9452390	20863449	544445
2012	39642358	11694575	27575237	372546
2013	37576331	9059372	27632787	884172
2014	40831354	7085221	33088136	657997

6-33　2014年分规模水利建设投资完成额（按地区分）

Completed Investment of Water Projects by Size of Project in 2014(by Region)

单位：万元   unit: 10⁴ yuan

地区 Region		完成投资 合计 Total Completed Investment	大中型 Large and Medium	小型 Small	其他 Others
合　计	**Total**	**40831354**	**7085221**	**33088136**	**657997**
北　京	Beijing	177519		168587	8932
天　津	Tianjin	243350	49642	189518	4190
河　北	Hebei	2421197	1296982	1124215	
山　西	Shanxi	1101049	469779	626761	4510
内蒙古	Inner Mongolia	661793	3688	628282	29823
辽　宁	Liaoning	1287711	886476	400254	981
吉　林	Jilin	1098760	279157	802018	17585
黑龙江	Heilongjiang	1171411	339216	828336	3859
上　海	Shanghai	965342		956183	9160
江　苏	Jiangsu	2365315	46059	2318184	1072
浙　江	Zhejiang	4842777	98988	4741025	2764
安　徽	Anhui	1398097	167000	1225253	5844
福　建	Fujian	739965	20588	719377	
江　西	Jiangxi	1194566	328286	866244	36
山　东	Shandong	1759018	128374	1629425	1219
河　南	Henan	1772342	639130	1125104	8108
湖　北	Hubei	1765397	197290	1193803	374304
湖　南	Hunan	1473250	157099	1316151	
广　东	Guangdong	1307724	34214	1242241	31270
广　西	Guangxi	850647	61853	787827	967
海　南	Hainan	147177	49770	97407	
重　庆	Chongqing	2020812	22035	1941554	57223
四　川	Sichuan	1958335	705698	1245825	6813
贵　州	Guizhou	1044384	30100	1013130	1154
云　南	Yunnan	2567797	53794	2488785	25219
西　藏	Tibet	337214	102481	234733	
陕　西	Shaanxi	1364898	482528	880710	1660
甘　肃	Gansu	874387	34224	838163	2000
青　海	Qinghai	232419	42559	187542	2318
宁　夏	Ningxia	319214		317414	1800
新　疆	Xinjiang	1367485	358212	954086	55187

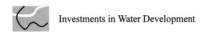

6-34 历年分构成水利建设投资完成额

Completed Investment of Water Projects by Construction Type and Year

单位：万元   unit: 10⁴ yuan

年份 Year	完成投资 合计 Total Completed Investment	建筑工程 Construction Project	安装工程 Installation	设备工器 具购置 Procurement of Machinery and Equipment	其他 Others
2000	6129331	4534545	268650	367051	959085
2001	5607065	4052065	197296	227128	1130576
2002	8192153	6064058	274537	416958	1436599
2003	7434176	5670323	289401	352728	1121724
2004	7835450	5526833	276530	436531	1595556
2005	7468483	5306556	269855	398472	1493600
2006	7938444	5837364	318550	384313	1398217
2007	9448538	6725242	465282	568467	1689547
2008	10882012	7815009	674188	599969	1792847
2009	18940321	12972462	1133765	1250000	3584094
2010	23199265	15248673	1096243	1245116	5609232
2011	30860284	21032078	1216941	1152076	7459189
2012	39642358	27364953	2377877	1781362	8118166
2013	37576331	27828417	1735750	1610647	6401516
2014	40831354	30863756	1850155	2061439	6056004

6-35 2014 年分构成水利建设投资完成额（按地区分）

Completed Investment of Water Projects by Construction Type in 2014
(by Region)

单位：万元   unit: 10^4 yuan

地区 Region		完成投资 合计 Total Completed Investment	建筑工程 Construction Project	安装工程 Installation	设备工器 具购置 Procurement of Machinery and Equipment	其他 Others
合　计	Total	**40831354**	**30863756**	**1850155**	**2061439**	**6056004**
北　京	Beijing	177519	120520	935	9701	46363
天　津	Tianjin	243350	166472	6405	6405	64069
河　北	Hebei	2421197	1724059	71291	167714	458134
山　西	Shanxi	1101049	765513	50606	127512	157418
内蒙古	Inner Mongolia	661793	433364	34132	105801	88496
辽　宁	Liaoning	1287711	1049143	24565	22412	191590
吉　林	Jilin	1098760	990418	41208	53487	13647
黑龙江	Heilongjiang	1171411	1132471	33887	4560	493
上　海	Shanghai	965342	769769	1263	8543	185767
江　苏	Jiangsu	2365315	1999011	78075	35459	252770
浙　江	Zhejiang	4842777	3510451	87267	49379	1195680
安　徽	Anhui	1398097	1168012	33164	48101	148819
福　建	Fujian	739965	565290	53784	33414	87477
江　西	Jiangxi	1194566	849356	84724	62851	197635
山　东	Shandong	1759018	1206549	178610	131606	242254
河　南	Henan	1772342	1248653	78559	107201	337929
湖　北	Hubei	1765397	985970	105950	104808	568669
湖　南	Hunan	1473250	1082366	144306	183407	63171
广　东	Guangdong	1307724	1089075	43225	41287	134138
广　西	Guangxi	850647	520739	68561	150631	110716
海　南	Hainan	147177	111502	8132	8314	19229
重　庆	Chongqing	2020812	1400309	123279	68038	429185
四　川	Sichuan	1958335	1716107	68690	71540	101998
贵　州	Guizhou	1044384	795308	54240	63273	131563
云　南	Yunnan	2567797	2030876	126428	67644	342848
西　藏	Tibet	337214	301627	8848	8700	18039
陕　西	Shaanxi	1364898	1143660	35955	44932	140352
甘　肃	Gansu	874387	598752	102606	108035	64994
青　海	Qinghai	232419	211639	9042	2420	9318
宁　夏	Ningxia	319214	276405	37021	2028	3760
新　疆	Xinjiang	1367485	900368	55397	162237	249482

6-36 历年水利建设当年完成工程量

Completed Working Load by Year

单位：万立方米   unit: $10^4 m^3$

年份 Year	土方 Earth	石方 Rock	混凝土 Concrete
1956	56870	861	46
1957	59618	1084	125
1960	177946	15165	475
1961	19735	1809	116
1962	25287	1711	77
1963	27438	1679	104
1964	37869	2270	145
1965	64193	2881	186
1971	51085	1478	143
1972	125853	11652	370
1973	111397	13464	469
1974	115695	10671	417
1975	125712	13821	502
1976	163160	26423	712
1977	139104	15147	638
1978	139800	19600	808
1979	206100	16300	746
1980	55000	5400	506
1981	20800	2500	231
1982	19500	2100	245
1983	24300	2000	283
1984	26500	2300	268
1985	25200	2000	244
1986	24100	2000	225
1987	31000	2600	276
1988	29300	2300	298
1989	31650	2886	328
1990	33209	2712	437
1991	40143	3124	512
1992	54862	5054	583
1993	46099	5710	630
1994	41177	5127	707
1995	34955	6126	824
1996	34883	7865	807
1997	42755	5630	988
1998	101393	15023	1322
1999	104684	14022	1613
2000	129432	14456	2084
2001	92777	14716	1855
2002	139036	18178	2581
2003	94079	14677	2710
2004	132007	24057	2514
2005	138665	20718	2168
2006	201603	39847	1971
2007	140567	25099	2050
2008	170705	26686	2651
2009	198846	25333	4641
2010	226128	30505	4660
2011	282247	26001	6228
2012	343715	47404	7447
2013	359956	53854	7030
2014	308992	59370	6932

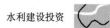

6-37 2014年水利建设当年完成工程量（按地区分）

Completed Working Load in 2014 (by Region)

单位：万立方米　　　　　　　　　　　　　　　　　　　　　　　　　　　　　　　　unit: 10^4m^3

地区	Region	当年计划 Planned of the Present Year			当年完成 Completed of the Present Year		
		土方 Earth	石方 Rock	混凝土 Concrete	土方 Earth	石方 Rock	混凝土 Concrete
合　计	Total	317044	59780	7517	308992	59370	6932
北　京	Beijing	533	52	4	1289	38	9
天　津	Tianjin	5096	52	35	5294	46	26
河　北	Hebei	24049	4735	481	20154	8662	362
山　西	Shanxi	9669	3049	132	8280	2685	109
内蒙古	Inner Mongolia	15877	422	61	15724	419	60
辽　宁	Liaoning	9762	3846	69	12820	3157	191
吉　林	Jilin	14190	3225	131	14993	3211	126
黑龙江	Heilongjiang	4866	169	76	1208	48	16
上　海	Shanghai	2655	370	10	3035	397	10
江　苏	Jiangsu	30693	5866	383	29744	5792	376
浙　江	Zhejiang	28365	6600	1106	29783	6003	1122
安　徽	Anhui	10806	3133	186	11798	3126	145
福　建	Fujian	3575	403	209	3254	381	195
江　西	Jiangxi	12209	1523	390	10686	1333	321
山　东	Shandong	24758	1093	217	23497	916	200
河　南	Henan	15494	662	164	15640	609	199
湖　北	Hubei	10343	1278	268	9800	1189	232
湖　南	Hunan	6396	1409	341	5878	1302	295
广　东	Guangdong	3937	979	284	4610	947	259
广　西	Guangxi	996	156	122	1005	147	118
海　南	Hainan	336	51	16	232	24	7
重　庆	Chongqing	8241	3073	622	8291	3144	610
四　川	Sichuan	6556	2681	563	5937	2395	477
贵　州	Guizhou	2757	2242	231	2571	2110	209
云　南	Yunnan	8838	3303	501	9165	3311	498
西　藏	Tibet	824	168	68	633	161	29
陕　西	Shaanxi	13091	1343	97	12620	1346	91
甘　肃	Gansu	18308	1225	360	17724	1181	286
青　海	Qinghai	3440	568	49	3230	546	36
宁　夏	Ningxia	8813	878	6	8596	848	6
新　疆	Xinjiang	11573	5225	336	11503	3895	312

6-38　历年水利建设累计完成工程量

Accumulated Completed Working Load of Water Projects by Year

单位：万立方米 　　　　　　　　　　　　　　　　　　　　　　　　　　　　　　　unit: 10^4m^3

年份 Year	全部计划 Total Planned			累计完成 Total Completed		
	土方 Earth	石方 Rock	混凝土 Concrete	土方 Earth	石方 Rock	混凝土 Concrete
2000	746010	87963	31746	437914	52230	10192
2001	711388	119858	13089	427458	61541	6685
2002	651588	86461	12960	485593	57858	7886
2003	664041	87724	12965	462941	59674	8617
2004	6422138	1320016	108489	3837466	603405	68102
2005	3211069	660008	54245	1918733	301703	34051
2006	1077148	198978	17349	672085	110836	11386
2007	1083946	222242	17523	601617	91505	10944
2008	1049975	238789	19372	645032	99363	11721
2009	1060725	117890	21656	633610	77809	13828
2010	1188888	118309	24666	647565	80824	14956
2011	980995	120239	27143	690220	77171	16845
2012	1066149	164057	29103	766303	94707	19097
2013	1018601	191797	27116	724815	108723	18140
2014	942890	159184	25891	681691	115661	16265

6-39 2014 年水利建设累计完成工程量（按地区分）

Accumulated Completed Working Load of Water Projects in 2014
(by Region)

单位：万立方米   unit: $10^4 m^3$

地区	Region	全部计划 Total Planned			累计完成 Total Completed		
		土方 Earth	石方 Rock	混凝土 Concrete	土方 Earth	石方 Rock	混凝土 Concrete
合 计	Total	**942890**	**159184**	**25891**	**681691**	**115661**	**16265**
北 京	Beijing	2377	93	17	1694	63	16
天 津	Tianjin	7633	91	45	6421	71	31
河 北	Hebei	41071	12677	825	25784	8968	426
山 西	Shanxi	22074	7052	659	13224	4798	278
内蒙古	Inner Mongolia	89695	3819	1018	75132	2504	460
辽 宁	Liaoning	29900	7202	1087	22097	4741	438
吉 林	Jilin	24230	7404	277	21034	5995	202
黑龙江	Heilongjiang	50430	1452	468	14976	830	231
上 海	Shanghai	15305	696	192	12543	685	181
江 苏	Jiangsu	76815	7279	832	60983	6547	576
浙 江	Zhejiang	84428	21060	2696	55384	15890	1868
安 徽	Anhui	33873	4300	490	30932	4221	385
福 建	Fujian	5567	808	402	4049	501	283
江 西	Jiangxi	42576	5512	1490	25270	4084	833
山 东	Shandong	58949	4231	646	43464	3609	412
河 南	Henan	49900	2910	1455	43030	2664	1267
湖 北	Hubei	15529	1897	581	13032	1492	368
湖 南	Hunan	7641	1834	543	6495	1624	460
广 东	Guangdong	35312	5329	1930	22735	3134	1291
广 西	Guangxi	7356	984	772	4781	781	525
海 南	Hainan	3254	373	105	2330	292	68
重 庆	Chongqing	15217	9289	1428	13242	7143	1010
四 川	Sichuan	17662	9696	1819	9520	4816	1000
贵 州	Guizhou	4704	3775	787	3183	2720	366
云 南	Yunnan	27135	11994	1674	18747	7780	1018
西 藏	Tibet	3903	489	144	3436	470	132
陕 西	Shaanxi	53384	3410	456	30988	2905	246
甘 肃	Gansu	41863	3721	1094	35923	2778	809
青 海	Qinghai	5961	975	155	4638	866	118
宁 夏	Ningxia	11515	1590	50	10098	938	37
新 疆	Xinjiang	57630	17242	1752	46525	11751	930

年份 Year	水库总库容 /亿立方米 Total Storage Capacity of Reservoirs /10⁸m³	耕地灌溉面积 /千公顷 Irrigated Area of Cultivated Land /10³ha	除涝面积 /千公顷 Drained Area /10³ha	发电装机容量 /千千瓦 Installed Capacity for Power Generation /10³kW	排灌装机容量 /千千瓦 Installed Capacity of Irrigation and Drainage Works /10³kW	供水能力 /万吨每日 Capacity of Water Supply /(10⁴t/d)
1989	118.95	998.69	593.27	888.80	225.50	
1990	129.09	1109.13	862.62	1170.40	329.30	
1991	125.04	1041.40	645.19	1922.60	244.90	
1992	120.41	1215.23	836.43	2443.30	200.90	
1993	152.69	1105.52	772.57	3038.20	151.20	
1994	312.91	1171.57	963.29	5294.70	231.60	
1995	342.12	1334.10	853.54	6661.80	286.00	
1996	321.66	1182.93	805.55	6523.40	250.00	860.36
1997	348.99	1056.73	1066.81	7117.20	235.30	1811.81
1998	348.65	1364.77	1095.81	5200.60	471.10	2283.35
1999	310.27	1014.89	133.59	4620.50	215.10	965.60
2000	359.15	798.07	89.79	4090.10	271.60	3961.42
2001	113.48	572.73	173.03	2080.80	114.90	5891.73
2002	250.95	485.93	183.69	1672.30	240.10	2044.47
2003	386.26	820.14	105.09	2708.90	575.50	2478.45
2004	263.05	603.68	165.83	2388.20	64.60	2345.35
2005	317.93	543.64	157.93	2292.60	63.90	1246.36
2006	411.13	556.21	143.41	2133.15	54.87	1851.47
2007	209.42	1261.63	322.64	1532.84	79.45	1734.38
2008	162.59	1189.33	577.59	1846.30	119.66	1283.14
2009	269.80	1929.17	546.46	4267.36	305.15	2311.20
2010	196.28	1115.39	472.66	3791.69	283.66	1585.08
2011	178.80	1010.88	316.17	2068.93	2002.47	6432.39
2012	154.72	890.25	121.66	2574.70	307.71	2657.55
2013	91.23	872.13	221.86	4817.88	423.92	2071.43
2014	118.83	1044.64	315.43	3348.41	306.77	2473.63

建设施工规模

Water Projects by Year

改善灌溉面积 /千公顷 Improved Irrigated Area /10³ha	改善除涝面积 /千公顷 Drained Area /10³ha	新建及加固堤防 /千米 Newly-Built & Strengthened Embankment /km	水保治理面积 /千公顷 Recovered Area from Soil Erosion /10³ha	解决饮水困难人口 /万人 Population Access to Drinking Water /10⁴persons	饮水安全达标人口 /万人 Population with Safe Drinking Water /10⁴persons	节水灌溉面积 /千公顷 Water-Saving Irrigated Area /10³ha
681.85	413.85					
566.79	672.69					
678.60	680.71					
425.63	594.44					
517.28	313.48					
699.65	699.18					
1575.13	757.59					
1142.98	762.37					
1720.41	578.18					
2077.57	781.91	8478.08	1925.58	648.90		108.18
2565.22	1381.42	8437.96	1675.12	2139.88		195.79
1437.79	583.71	4695.94	1301.93	2406.42		351.48
1715.70	745.15	5667.73	2579.56	1226.59		262.53
1249.72	463.22	3653.70	1762.34	933.37		250.84
2244.32	678.08	5111.99	854.20		1562.82	488.97
1927.16	599.29	4895.22	783.51		2758.50	368.72
1849.77	1334.84	4273.42	1613.73		4088.10	254.76
2749.38	726.03	5002.74	2553.15		6715.80	343.85
3791.69	678.75	6362.94	1333.20		6574.41	411.17
4220.96	1597.80	10466.16	2641.66		5579.42	541.07
4871.41	817.81	11605.51	2041.65		7198.11	694.89
4466.52	656.19	11330.60	1616.08		6491.21	1268.60
4412.30	1212.26	12369.60	1844.20		6059.06	910.07

6-41　2014 年水利建设

Completed Works of Water Projects

地区	Region	水库总库容 /亿立方米 Total Storage Capacity of Reservoirs /10⁸m³	耕地灌溉面积 /千公顷 Irrigated Area of Cultivated Land /10³ha	除涝面积 /千公顷 Drained Area /10³ha	发电装机容量 /千千瓦 Installed Capacity for Power Generation /10³kW	排灌装机容量 /千千瓦 Installed Capacity of Irrigation and Drainage Works /10³kW	供水能力 /万吨每日 Capacity of Water Supply /(10⁴t/d)
合　计	**Total**	**118.83**	**1044.64**	**315.43**	**3348.41**	**306.77**	**2473.63**
北　京	Beijing						
天　津	Tianjin						
河　北	Hebei	0.01	6.79	23.81	8.59		96.91
山　西	Shanxi	2.87	33.60		39.86	14.48	204.70
内蒙古	Inner Mongolia	5.98	9.83		94.40	0.38	97.28
辽　宁	Liaoning	16.25	5.97	6.06	27.11	7.00	40.50
吉　林	Jilin		0.12		8.91		2.02
黑龙江	Heilongjiang	4.12	161.73			1.74	
上　海	Shanghai						
江　苏	Jiangsu	1.03	66.06	107.11	4.05	50.47	10.35
浙　江	Zhejiang	0.43	0.44	5.13	4.28	16.85	96.01
安　徽	Anhui		0.80	95.24	8.76	19.89	
福　建	Fujian	1.08	17.38	1.77	47.35		57.27
江　西	Jiangxi	12.98	13.40	4.78	354.83	16.09	46.21
山　东	Shandong	1.37	11.48	12.70	17.95	2.15	73.22
河　南	Henan	0.31	0.29	0.07			11.19
湖　北	Hubei	1.28	21.95	17.04	370.38	124.54	9.26
湖　南	Hunan	0.32	8.04	4.09	305.43	15.96	14.97
广　东	Guangdong	8.77	98.19	28.56	444.22	17.55	331.68
广　西	Guangxi	0.03	15.27	0.53	31.24		57.00
海　南	Hainan	0.01	0.40				
重　庆	Chongqing	2.10	40.05	1.87	297.38	1.78	90.63
四　川	Sichuan	2.68	51.83	0.07	78.92	10.06	11.42
贵　州	Guizhou	2.10	39.33	2.45	97.79	1.29	61.12
云　南	Yunnan	12.94	87.54	2.83	262.18	0.09	149.34
西　藏	Tibet	4.97	41.03		216.12		
陕　西	Shaanxi		15.80		122.22	5.80	73.38
甘　肃	Gansu	0.20	4.12		104.78	0.56	6.96
青　海	Qinghai	0.04	20.56	0.39	10.64		71.51
宁　夏	Ningxia	0.03	1.65	0.93	0.22	0.10	5.74
新　疆	Xinjiang	36.94	271.00		390.83		854.92

施工规模（按地区分）

in 2014 (by Region)

改善灌溉面积 /千公顷 Improved Irrigated Area /10³ha	改善除涝面积 /千公顷 Drained Area /10³ha	新建及加固堤防 /千米 Newly-built & Strengthened Embankment /km	水保治理面积 /千公顷 Recovered Area from Soil Erosion /10³ha	饮水安全达标人口 /万人 Population with Safe Drinking Water /10⁴persons	节水灌溉面积 /千公顷 Water-saving Irrigated Area /10³ha
4412.30	**1212.26**	**12369.60**	**1844.20**	**6059.06**	**910.07**
2.62		5.83	16.60		2.69
0.59		171.79	13.51		21.88
158.62	450.11	245.98	40.18	308.23	34.11
109.36	3.99	207.43	91.13	58.10	55.17
90.69		1391.74	121.14	81.13	92.51
40.68	14.21	216.04	70.86	113.67	46.23
10.17	1.80	70.18	3.80	73.62	18.85
399.61		416.30	53.93	146.43	10.27
472.33	318.82	965.11	10.66	167.24	45.84
28.67	16.42	541.08	59.73	35.22	5.27
68.71	66.86	415.46	24.49	473.92	17.13
12.92		235.61	65.43	266.97	6.86
94.86	2.76	461.38	21.95	116.63	1.14
200.36	42.58	317.43	86.49	393.38	87.96
408.82	18.78	312.40	24.22	704.46	1.31
471.21	152.72	280.32	73.18	313.65	17.92
110.83	29.65	693.44	35.39	574.50	1.61
170.21	68.95	1241.97	0.62	165.15	13.47
17.78	0.53	288.16	56.00	349.60	80.54
0.09		7.51		30.27	0.87
129.79	4.02	403.61	60.31	250.76	4.01
76.37	6.43	388.77	60.49	224.16	22.46
25.62	1.70	191.07	56.72	316.58	2.91
307.86	10.91	738.09	15.89	307.40	12.96
18.18		297.77	4.85	22.41	
95.72		320.84	689.18	207.74	50.74
103.10	0.87	653.75	42.68	234.46	103.90
24.33	0.15	178.44	24.04	23.34	7.18
120.09		79.28	9.17	34.73	6.73
642.12		632.82	11.54	65.31	137.55

6-42　历年水利建

Newly-increased Benefits of Water

年份 Year	水库总库容 /亿立方米 Total Storage Capacity of Reservoirs /10^{8}m^3	耕地灌溉面积 /千公顷 Irrigated Area of Cultivated Land /10^{3}ha	除涝面积 /千公顷 Drained Area /10^{3}ha	发电装机容量 /千千瓦 Installed Capacity for Power Generation /10^{3}kW	排灌装机容量 /千千瓦 Installed Capacity of Irrigation and Drainage Works /10^{3}kW	供水能力 /万吨每日 Capacity of Water Supply /(10^{4}t/d)
1989	22.79	94.09	64.29	124.10	31.40	
1990	29.64	121.17	62.21	164.30	99.50	
1991	23.34	101.25	43.77	311.10	84.10	
1992	19.13	90.53	116.67	391.00	67.40	
1993	11.48	78.48	133.89	182.50	42.90	
1994	7.61	94.09	77.23	392.90	23.80	
1995	42.23	174.89	28.30	388.20	66.80	
1996	14.95	158.03	29.43	355.30	90.60	450.44
1997	11.86	94.61	89.65	719.80	28.10	145.12
1998	28.15	187.01	57.67	749.00	102.30	456.57
1999	46.61	198.23	42.83	885.60	19.40	82.84
2000	183.62	126.86	49.69	2139.10	21.90	529.80
2001	31.96	191.41	28.51	1317.40	34.80	2939.65
2002	29.19	156.47	171.29	543.10	89.20	281.64
2003	5.83	146.99	11.67	368.60	544.00	871.31
2004	12.86	252.11	71.99	725.80	20.80	530.81
2005	112.64	98.65	74.62	794.40	47.30	398.36
2006	267.39	139.45	55.46	1146.16	28.46	349.78
2007	55.71	314.09	206.89	754.18	59.78	488.23
2008	44.37	275.44	223.66	701.04	79.39	333.69
2009	50.96	550.52	286.11	912.68	89.77	740.58
2010	32.88	355.59	441.76	905.81	102.38	509.43
2011	48.54	470.26	284.13	566.30	1034.99	876.18
2012	26.81	466.63	96.97	988.60	168.06	985.68
2013	19.08	382.06	189.45	1903.28	128.31	819.56
2014	30.38	300.27	255.01	1846.76	261.45	934.66

设新增效益

Projects Construction by Year

改善灌溉面积 /千公顷 Improved Irrigated Area /10³ha	改善除涝面积 /千公顷 Drained Area /10³ha	新建及加固堤防 /千米 Newly-built & Strengthened Embankment /km	水保治理面积 /千公顷 Recovered Area from Soil Erosion /10³ha	解决饮水困难 人口/万人 Population Access to Drinking Water /10⁴persons	饮水安全达标 人口/万人 Population with Safe Drinking Water /10⁴persons	节水灌溉面积 /千公顷 Water-saving Irrigated Area /10³ha
204.49	208.73					
141.90	526.79					
341.81	226.40					
219.92	419.77					
187.43	86.12					
251.04	309.10					
330.28	161.89					
283.51	140.24					
839.09	1279.70					
956.97	163.28	4545.91	1699.45	470.38		76.49
1484.52	529.17	5772.04	1118.41	1950.07		132.73
927.62	463.75	2693.61	1011.98	1245.44		245.81
1232.00	494.73	2918.24	1681.30	985.68		155.79
467.11	129.29	2246.61	1717.64	700.92		178.87
889.95	284.08	2726.91	635.29		1321.43	287.75
1121.20	383.39	2370.23	517.35		2478.28	310.37
1055.83	1015.16	1968.95	1261.41		2967.62	175.60
1845.54	449.49	2385.49	2090.95		5896.54	298.76
2230.19	477.20	3651.83	1041.65		6314.49	343.42
2061.10	1339.87	6900.63	2353.30		5151.23	424.31
3062.53	531.06	8265.39	1911.46		6761.47	615.19
2731.24	363.50	7441.02	1268.57		5696.34	1151.93
2912.32	676.58	8386.36	1585.85		5580.84	728.61

6-43 2014 年水利建设

Newly-increased Benefits of Water

地区	Region	水库总库容/亿立方米 Total Storage Capacity of Reservoirs /10^8m³	耕地灌溉面积/千公顷 Irrigated Area of Cultivated Land /10^3ha	除涝面积/千公顷 Drained Area /10^3ha	发电装机容量/千千瓦 Installed Capacity for Power Generation /10^3kW	排灌装机容量/千千瓦 Installed Capacity of Irrigation and Drainage Works /10^3kW	供水能力/万吨每日 Capacity of Water Supply /(10^4t/d)
合　计	Total	30.38	300.27	255.01	1846.76	261.45	934.66
北　京	Beijing						
天　津	Tianjin						
河　北	Hebei	0.01	5.03	1.44	8.59		1.90
山　西	Shanxi	2.62	23.36		5.10	6.88	65.17
内蒙古	Inner Mongolia		4.44			0.38	36.83
辽　宁	Liaoning	9.64	2.00	6.06	9.11	7.00	40.50
吉　林	Jilin				8.91		1.70
黑龙江	Heilongjiang						
上　海	Shanghai						
江　苏	Jiangsu	1.03	66.06	107.11	4.05	48.16	10.05
浙　江	Zhejiang		0.33	4.17	3.23	16.85	77.95
安　徽	Anhui		0.80	90.24	3.57	12.50	
福　建	Fujian	0.98	16.45	1.77	35.36		57.27
江　西	Jiangxi	1.05	8.63	4.71	99.20	4.84	31.77
山　东	Shandong	1.37	9.71	10.83	17.22	2.15	57.06
河　南	Henan	0.31	0.29	0.07			11.19
湖　北	Hubei	1.17	19.76	16.24	317.30	124.54	9.26
湖　南	Hunan	0.31	7.18	4.09	250.14	12.22	14.43
广　东	Guangdong	3.45	2.86	1.54	155.47	6.68	233.21
广　西	Guangxi	0.03	13.80	0.53	31.24		57.00
海　南	Hainan		0.35				
重　庆	Chongqing	0.32	12.68	1.87	163.16	1.44	31.96
四　川	Sichuan	0.41	17.37	0.07	41.06	10.06	10.21
贵　州	Guizhou	1.04	26.31	1.71	96.49	1.29	53.54
云　南	Yunnan	2.00	34.95	1.25	153.72		29.13
西　藏	Tibet	1.75	7.98		160.32		
陕　西	Shaanxi		15.53		98.62	5.80	72.18
甘　肃	Gansu	0.01	2.57		49.32	0.56	6.16
青　海	Qinghai	0.04	0.56	0.39	0.24		1.07
宁　夏	Ningxia	0.03	1.28	0.93	0.22	0.10	5.24
新　疆	Xinjiang	2.81			135.13		19.87

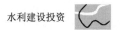

新增效益（按地区分）
Projects Construction in 2014 (by Region)

改善灌溉面积 /千公顷 Improved Irrigated Area /10³ha	改善除涝面积 /千公顷 Drained Area /10³ha	新建及加固堤防 /千米 Newly-built & Strengthened Embankment /km	水保治理面积 /千公顷 Recovered Area from Soil Erosion /10³ha	饮水安全达标人口 /万人 Population with Safe Drinking Water /10⁴persons	节水灌溉面积 /千公顷 Water-saving Irrigated Area /10³ha
2912.32	676.58	8386.36	1585.85	5580.84	728.61
2.62		5.83	16.60		2.69
0.59		171.79	12.01		21.88
152.19	51.59	183.99	38.38	307.07	24.31
99.23	3.99	108.42	60.42	58.10	34.33
79.93		831.26	78.50	80.48	46.74
32.80	10.70	165.92	67.21	105.93	42.13
8.39	1.80	45.84	1.91	63.63	5.47
		19.51		146.39	
466.50	316.55	857.82	10.66	167.24	39.85
25.83	16.42	493.55	35.99	30.52	5.05
64.98	33.26	275.67	11.49	392.36	15.00
12.05		200.66	62.48	266.97	6.60
67.12	0.66	310.40	18.21	110.67	0.78
182.06	41.46	204.28	84.11	383.23	81.45
90.38	3.45	227.48	18.41	694.84	
447.40	145.06	245.11	59.18	306.48	16.14
100.79	26.38	654.04	34.66	561.07	1.57
47.47	3.09	169.45		2.00	4.13
17.78	0.53	161.00	56.00	345.76	78.67
0.09		1.91		30.27	0.87
118.20	3.05	337.90	53.20	224.84	3.19
66.52	6.43	327.41	55.30	171.20	18.48
22.77	1.70	150.10	36.12	307.51	2.91
262.84	9.46	452.30	13.11	270.80	10.28
10.40		216.04	0.77	22.41	
84.22		283.16	680.24	202.13	50.61
53.83	0.87	631.33	42.68	206.16	86.67
13.44	0.15	109.82	18.28	22.98	7.18
17.84		79.28	8.95	34.20	6.36
364.06		465.09	10.94	65.31	115.30

主要统计指标解释

水利建设投资 指水利系统固定资产投资。主要包括水利系统基本建设投资、部分更新改造投资等，防洪岁修、小农水等财政投资未包括在内。

建设项目 指按照以总体设计进行施工，由一个或若干个具有内在联系的工程组成的总体。基本建设项目指经批准在一个总体设计或初步设计范围内进行建设，经济上实行统一核算，行政上有独立的组织形式，实行统一管理的基本建设单位。

基本建设项目按规模分为大中型项目和小型项目，水利上基本建设项目大中型项目划分标准是：①水库，库容1亿立方米以上（包括1亿立方米，下同）；②灌溉面积，灌溉面积50万亩以上；③水电工程，发电装机5万千瓦以上；④其他水利工程，除国家指定外均不作为大中型项目。

建设阶段 指建设项目报告期所处的建设阶段。分为以下几个阶段。

（1）筹建项目：指正在进行前期工作尚未正式施工的项目。

（2）施工项目：指报告期内进行过建筑或安装施工活动的项目。

（3）本年正式施工项目：指本年正式进行过建筑或安装活动的建设项目。

（4）本年新开工项目：指报告期内新开工的建设项目。

（5）本年续建项目：指本年以前已经正式开工，跨入本年继续进行建筑安装和购置活动的建设项目。

（6）建成投产项目：指报告期内按设计文件规定建成主体工程和相应配套的辅助设施，形成生产能力或工程效益，经过验收合格，并且已正式投入生产或交付使用的建设项目。

（7）本年收尾项目：是指以前年度已经全部建成投入生产或交付使用，但尚有少量不影响正常生产和使用的辅助工程或生产性工程在报告期继续施工的项目。

（8）停缓建项目：指根据国民经济宏观调控及其他原因，经有关部门批准停止建设或近期内不再建设的项目。停缓建项目分为全部停缓建项目和部分停缓建项目。

1）全部停缓建项目是指经有关部门批准不再建设或短期内整个项目停止建设的项目。

2）部分停缓建项目是指建设项目仍在施工，但其中的部分单项工程经有关部门批准停止或近期内不再建设并已停止施工的项目。报告期部分停缓建项目仍应作为施工项目统计。

（9）全部竣工项目：指整个建设项目按设计文件规定的主体工程和辅助、附属工程全部建成，并已正式验收移交生产或使用部门的项目。

建设性质 基本建设项目的建设性质根据整个建设项目的情况确定，分为以下几种。

（1）新建：一般是指从无到有、"平地起家"开始建设的企业、事业和行政单位或独立的工程。现有企业、事业、行政单位一般不属于新建。但如有的单位原有基础很小，经过建设后新增的资产价值超过该企业、事业、行政单位原有固定资产价值（原值）3倍以上的也应作为新建。

（2）扩建：指在厂内或其他地点，为扩大原有产品的生产能力（或效益）或增加新的产品生产能力，而增建主要的生产车间（或主要工程）、分厂、独立的生产线的企业、事业单位。行政、事业单位在原单位增建业务用房（如学校增建教学用房、医院增建门诊部、病房等）也作为扩建。

现有企业、事业单位为扩大原有主要产品生产能力或增加新的产品生产能力，增建一个或几个主要生产车间（或主要工程）、分厂，同时进行一些更新改造工程的，也应作为扩建。

（3）改建：指对原有设施进行技术改造或更新（包括相应配套的辅助性生产、生活福利设施），没有增建主要生产车间、分厂等的企业、事业单位。

（4）单纯建造生活设施：指在不扩建、改建生产性工程和业务用房的情况下，单纯建造职工住宅、托儿所、子弟学校、医务室、浴室、食堂等生活福利设施的企业、事业及行政单位。

（5）迁建：指为改变生产力布局或由于城市环境保护和安全生产的需要等原因而搬迁到另地建设的企业、事业单位。

（6）恢复：指因自然灾害、战争等原因，使原有的固定资产全部或部分报废，以后又投资恢复建设的单位。

（7）单纯购置：指现有企业、事业、行政单位单纯购置不需要安装的设备、工具、器具，而不进行工程建设的单位。

隶属关系 基本建设项目按建设单位直属或主管上级机关确定。

隶属关系分为中央、省（自治区、直辖市）、地区（州、盟、省辖市）、县（旗、县级市、市辖区）和其他五大类。

（1）中央：指中共中央、人大常委会和国务院各部、委、局、总公司以及直属机构直接领导和管理的基本建设项目和企业、事业、行政单位。这些单位的固定资产投资计划由国务院各部门直接编制和下达，建设中所需要的统配物资和主要设备以及建设中的问题都由中央有关部门安排和解决。

（2）省（自治区、直辖市）：由省（自治区、直辖市）政府及业务主管部门直接领导和管理的基本建设项目和企业、事业、行政单位。

（3）地区（州、盟、省辖市）：由地区、自治州、盟、省辖市直接领导和管理的基本建设项目和企业、事业、行政单位。

（4）县（旗、县级市、市辖区）：由县、自治旗、县级市、市辖区直接领导和管理的基本建设项目和企业、事业、行政单位。

（5）其他：不隶属以上各级政府及主管部门的建设项目和企业、事业单位，如外商投资企业和无主管部门的企业等。

Explanatory Notes of Main Statistical Indicators

Investment for water project construction Investment of fixed assets in the water sector, which mainly refers to the investment of basic water infrastructures and some rehabilitation projects, but excluding annual maintenance of flood control works and financial allocation to small irrigation, drainage and rural water supply schemes.

Construction project A project, enclosing one or more interdependent components, is implemented in accordance with overall design. Capital construction project refers to the approved scheme constructed according to overall design or within the scope of preliminary design, which is under one accounting system and unified management, and has an independent organization.

Capital construction project can be divided into large or medium project and small project according to its scale. The criteria of identifying large and medium water projects are:① reservoir, installed capacity is over 100 million m³ (including 100 million m³, hereinafter the same); ② irrigated area, irrigated area is over 500 thousand mu; ③ hydropower project, installed capacity is over 50,000kW; ④ other water projects, specially designated by the state.

Construction phrase It refers to stages of project construction during the period of report. The projects are divided as following in accordance with construction phases:

(1) Preparation: the project that is conducting preparatory work and has not formally been constructed.

(2) Construction project: the project that is under construction or installation during the report period.

(3) Construction project of the year: the project that has formally started construction or installation in the statistical year.

(4) Newly started project of the year: the construction project that is newly initiated in the statistical year.

(5) Continued project of the year: the project that has formally started and continued construction, installation and purchase activities in the statistical year.

(6) Completed investment project: key parts of the project and supporting facilities have passed check and acceptance and been formally put into operation or use in the statistical period.

(7) Nearly-completed project of the year: the project has completed construction and placed into operation, but several supporting facilities that do not affect the normal production and utilization continue to be constructed in the statistical period.

(8) Stopped or postponed project: the project is being asked to stop or postpone due to national macroeconomic regulation and control or other reasons with the approval of relevant department. The stopped or postponed projects can be divided into completely stopped or postponed project and partially stopped or postponed project.

1) Complete stopped or postponed project refers to the project that no longer constructed or will not be constructed in a short period of time, according to the approved of the relevant department.

2) Partial stopped or postponed project refers to the project that still under construction, but part of the project is no longer constructed or will not be constructed in a short period of time, according to the approval of the relevant department. Stopped or postponed project should be included in the statistical data as construction project.

(9) Fully-completed project: the project that has completed the key parts and supporting facilities of the project according to the design, and has passed check and acceptance and transferred to production or user for operation.

Construction type The types of infrastructures are identified and divided based on features of the constructed project:

(1) Newly-constructed project: It refers to the project being constructed by a newly-established enterprise, non-governmental agency, governmental agency or independent organ. The project managed by the currently existed enterprise, non-governmental agency or governmental agency does not belong to newly-constructed. However, if the original scope of unit is rather small and the newly-added assets exceeds three times of the original assets of the enterprise, non-governmental agency and governmental agency after construction, it is also regarded as new-constructed project.

(2) Expanded construction: It refers to the project of enterprise or non-governmental agency that has newly-established workshop (or key project), branch or independent production line within the plant or other places, in order to expand the existing production capacity (or benefit) or production capacity of new product. The construction of office building of non-governmental agency or governmental agency (for example newly-constructed teaching building of college, university or school, newly-built clinics and wards of hospitals) is also regarded as expanded construction.

The project of an enterprise or non-governmental agency with one or more newly-constructed key workshops (or key project) or branches, in order to increase the original production capacity or add production capacity of new product, together with rehabilitation project are also listed as expanded construction.

(3) Rehabilitation project: It refers to the project of an enterprise or non-governmental agency conducting technical rehabilitation or re-modernization (including production support facilities or living and welfare facilities), but without expansion of main workshop or branch.

(4) Construction of living facilities: It refers to the project of an enterprise, non-governmental agency or governmental agency, including living and welfare

facilities only, such as apartment building of employee, kindergarten, school for children of employee, clinic, bathroom, and canteen without expansion or rehabilitation of existed production or office buildings.

(5) Relocated construction: It refers to the relocation of enterprise or non-governmental agency to other places due to the change of production pattern, requirement of urban environment protection or safe production.

(6) Recovery construction: It refers to the project of an organzation to make investment on recovery construction because of natural disaster or war that completely or partially destroys its fixed assets.

(7) Procurement only: It refers to the project of an enterprise, non-governmental agency or governmental agency to purchases equipment, tool or instrument only, without installation or construction.

Administrative subordination of Project Capital construction project is divided into groups according to the administrative region of the organization in charge of the project.

Five categories are formed on the basis of administrative regions of the project: Central Government, province (autonomous region, municipality directly under the central government), prefecture (autonomous district, municipality directly under the provincial government), county (autonomous county, county-level municipality) and others.

(1) Central Government project: It refers to capital construction project, enterprise, non-governmental agency or governmental agency directly under administration or management of the Central Committee of Chinese Communist Party, Standing Committee of Chinese People's Congress, or ministries, commissions, bureaus under the State Council and parent companies. The investment plan of fixed assets of these entities are directly worked out and transmitted by the relevant departments under the State Council; allocated materials or equipment for construction are arranged by the relevant Central Government departments.

(2) Province (autonomous region, municipality directly under the central government) project: It refers to capital construction project, enterprise, non-governmental agency or governmental agency directly under administration and management of provincial governments (autonomous region, municipality directly under the central government) or competent department directly in charge.

(3) Prefecture (autonomous district, municipality directly under the provincial government) project: It refers to capital construction project, enterprise, non-governmental agency or governmental agency directly under administration and management of government of prefecture, autonomous district or municipality directly under the provincial government.

(4) County (autonomous county, county-level municipality) project: It refers to capital construction project, enterprise, non-governmental agency or governmental angecy directly under administration and management of government of county, autonomous county or county-level city.

(5) Others: It refers to capital construction project, enterprise, non-governmental agency or governmental agency outside the scope of administration and management of government agencies mentioned above, such as foreign investment enterprise or enterprise without supervised agency.

7 农村水电

Rural Hydropower Development

简 要 说 明

农村水电统计资料主要包括小水电站和设备建设情况、水力发电设备容量和发电容量、农村水电电网、输变配电设备情况等。主要按地区分组汇总。

自 2008 年起农村水电电站由以往水利系统水电变更为装机 5 万千瓦及 5 万千瓦以下水电。

2008 年以前水利系统水电统计包括水利系统综合利用枢纽电站数据等。

Brief Introduction

Statistical data of rural hydropower development mainly includes construction of small hydropower stations and utilities, installed capacity and output of hydropower generating units, electricity network of rural hydropower, electricity transmission and distribution facilities, etc. The data is divided into groups according to the region.

The data of rural hydropower development is collected on the basis of installed capacity of hydropower at 50,000 kW and below 50,000 kW since 2008.

The data collected before 2008 includes multi-purpose dam projects.

7-1 历年农村水电装机容量及年发电量

Installed Capacity and Power Generation of Rural Hydropower, by Year

年份 Year	农村水电装机容量 /千瓦 Installed Capacity of Rural Hydropower /kW	农村水电年发电量 /万千瓦时 Annual Electricity Generation of Rural Hydropower /10^4 kWh	农村水电新增装机容量 /千瓦 Newly-increased Installed Capacity /kW
2001	26262406	8714102	1419454
2002	28489286	9472446	1883648
2003	30832992	9791633	2618834
2004	34661348	9779541	3591322
2005	38534445	12090340	4127272
2006	43183551	13612942	5459520
2007	47388997	14370080	4593193
2008	51274371	16275901	4194106
2009	55121211	15672470	3807072
2010	59240191	20444256	3793551
2011	62123430	17566867	3277465
2012	65686071	21729246	3399616
2013	71186268	22327711	2460601
2014	73221047	22814929	2553873

注　2013 年农村水电统计数据与全国第一次水利普查数据进行了校核。

Note　Statistical data of rural hydropower is checked in accordance with the First National Census on Water.

7-2　2014年农村水电装机容量及年发电量（按地区分）

Installed Capacity and Power Generation of Rural Hydropower in 2014 (by Region)

地　　区	Region	农村水电年末装机容量 /千瓦 Installed Capacity of Rural Hydropower /kW	农村水电年发电量 /万千瓦时 Annual Electricity Generation of Rural Hydropower /10^4 kWh	农村水电新增装机容量 /千瓦 Newly-increased Installed Capacity /kW
合　计	**Total**	73221047	22814929	2553873
北　京	Beijing	42920	2714	
天　津	Tianjin	5800	1819	3300
河　北	Hebei	388728	46936	15645
山　西	Shanxi	191296	30859	19340
内蒙古	Inner Mongolia	93475	16885	
辽　宁	Liaoning	435243	79344	7870
吉　林	Jilin	572280	140707	57860
黑龙江	Heilongjiang	294425	75986	
江　苏	Jiangsu	36512	5318	640
浙　江	Zhejiang	3924061	1061271	36725
安　徽	Anhui	1076280	236293	178125
福　建	Fujian	7341376	2426558	48640
江　西	Jiangxi	3103986	886115	71210
山　东	Shandong	83887	2781	235
河　南	Henan	490987	69586	11495
湖　北	Hubei	3416222	877254	62340
湖　南	Hunan	5921007	1854824	94000
广　东	Guangdong	7272926	1931347	43741
广　西	Guangxi	4292311	1392894	124220
海　南	Hainan	403120	139429	7495
重　庆	Chongqing	2255419	688512	54365
四　川	Sichuan	10760671	4099217	465970
贵　州	Guizhou	3152760	1048995	190530
云　南	Yunnan	11072770	3479164	521010
西　藏	Tibet	313419	85386	11700
陕　西	Shaanxi	1308112	363783	155845
甘　肃	Gansu	2376698	863394	130352
青　海	Qinghai	954245	364192	71260
宁　夏	Ningxia	5440	1800	
新　疆	Xinjiang	1156336	392739	137760
新疆生产 建设兵团	Xinjiang Production and Construction Corps	363435	103852	21400
部直属	Organization Directly under the Ministry	114900	44976	10800

注　2013年农村水电统计数据与全国第一次水利普查数据进行了校核。

Note　Statistical data of rural hydropower is checked in accordance with the First National Census on Water.

7-3 历年年末输变配电设备

Installed Power Transmission and Distribution Equipment at the End of the Year, by Year

年份 Year	变电所总容量 /千伏安 Total Storage Capacity of Switchyard /kVA	变压器总容量 /千伏安 Total Storage Capacity of Transformer /kVA	高压线路 /千米 High-pressure Transmission Line /km	低压线路 /千米 Low-pressure Transmission Line /km
2002	50779480	58628453	1020018	2158102
2003	54580398	61844457	1082549	2334065
2004	63583050	67770640	1110746	2470468
2005	70161609	71325744	1119668	2490911
2006	30403474	29645661	476642	965547
2007	41942477	39162242	609663	1321037
2008	42121613	37266114	563907	1260067
2009	42465559	34629678	515040	1116782
2010	48378124	37083012	540715	1152621
2011	52798271	37431610	534737	1108602
2012	49104574	36155250	510633	1155394
2013	54242934	40383122	531871	1202218
2014	49372795	41496064	491765	1124543

7-4 2014 年年末输变配电设备（按地区分）

Installed Power Transmission and Distribution Equipment at the End of 2014 (by Region)

地区	Region	变电所总容量 /千伏安 Total Storage Capacity of Switchyard /kVA	变压器总容量 /千伏安 Total Storage Capacity of Transformer /kVA	高压线路 /千米 High-pressure Transmission Line /km	低压线路 /千米 Low-pressure Transmission Line /km
合 计	Total	49372795	41496064	491765	1124543
北 京	Beijing		19175	66	34
天 津	Tianjin				
河 北	Hebei				
山 西	Shanxi	193680	140100	2551	2038
内蒙古	Inner Mongolia	72450	5845	169	50
辽 宁	Liaoning				
吉 林	Jilin	938730	981684	6547	4467
黑龙江	Heilongjiang				
江 苏	Jiangsu	6750	9770	12	
浙 江	Zhejiang	400000	1015875	619	1216
安 徽	Anhui	350785	338448	6665	18349
福 建	Fujian				
江 西	Jiangxi				
山 东	Shandong		660	2	
河 南	Henan	117850	189175	6114	11660
湖 北	Hubei				
湖 南	Hunan	3618580	2290687	30775	63947
广 东	Guangdong	1004890	149013	3573	12333
广 西	Guangxi	13129675	14133678	125063	165061
海 南	Hainan	100700	70410	836	103
重 庆	Chongqing				
四 川	Sichuan	16060580	12286224	181589	731704
贵 州	Guizhou	653650	504878	8067	15343
云 南	Yunnan	2569900	1749245	15134	18316
西 藏	Tibet	90785	256068	18420	7104
陕 西	Shaanxi	1150956	548506	8920	12211
甘 肃	Gansu	3798709	3130939	47784	45742
青 海	Qinghai	12500	204455	3778	2145
宁 夏	Ningxia				
新 疆	Xinjiang				
新疆生产建设兵团	Xinjiang Production and Construction Corps	5032325	3400470	24979	12643
部直属	Organization Directly under the Ministry	69300	70758	103	78

7-5　历年新增输变配电设备

Newly-increased Power Transmission and
Distribution Equipment, by Year

年份 Year	变电所总容量 /千伏安 Total Storage Capacity of Switchyard /kVA	变压器总容量 /千伏安 Total Storage Capacity of Transformer /kVA	高压线路 /千米 High-pressure Transmission Line /km	低压线路 /千米 Low-pressure Transmission Line /km
2002	5642849	5362828	75801	260248
2003	6623092	5821911	80241	178433
2004	9819672	7682270	57380	312806
2005	8327685	6294266	43492	58650
2006	3875365	4193753	19872	77041
2007	5227365	3199561	23204	69539
2008	6051940	2195958	21749	116773
2009	5842525	2717898	26318	44557
2010	5913300	2984107	34020	81892
2011	7798387	3492278	33210	28179
2012	4034821	2572882	15556	34248
2013	6010195	4426062	24902	42523
2014	4460596	5379577	27707	37693

7-6 2014年新增输变配电设备（按地区分）
Newly-increased Power Transmission and Distribution Equipment in 2014 (by Region)

地区	Region	变电所总容量/千伏安 Total Storage Capacity of Switchyard /kVA	变压器总容量/千伏安 Total Storage Capacity of Transformer /kVA	高压线路/千米 High-pressure Transmission Line /km	低压线路/千米 Low-pressure Transmission Line /km
合　计	Total	4460596	5379577	27707	37693
北　京	Beijing				
天　津	Tianjin				
河　北	Hebei				
山　西	Shanxi	75100	3405	14	1
内蒙古	Inner Mongolia				
辽　宁	Liaoning				
吉　林	Jilin	166250	389443	298	198
黑龙江	Heilongjiang				
江　苏	Jiangsu				
浙　江	Zhejiang	77000	97125		9
安　徽	Anhui	158710	23805	181	8
福　建	Fujian				
江　西	Jiangxi				
山　东	Shandong				
河　南	Henan				
湖　北	Hubei				
湖　南	Hunan	15500	81694	314	625
广　东	Guangdong	25000	13080	401	1500
广　西	Guangxi	1874800	3011752	14566	17063
海　南	Hainan				
重　庆	Chongqing				
四　川	Sichuan	1099971	712914	8098	16238
贵　州	Guizhou	8000	3330	73	180
云　南	Yunnan	494950	402953	833	467
西　藏	Tibet	5765	36579	1669	807
陕　西	Shaanxi	10000	26839		161
甘　肃	Gansu	247730	80276	521	34
青　海	Qinghai		1100		
宁　夏	Ningxia				
新　疆	Xinjiang				
新疆生产建设兵团	Xinjiang Production and Construction Corps	201820	492777	735	402
部直属	Organization Directly under the Ministry		2505	2	

7-7 历年农村水电电网供电情况

Electricity Supply of Rural Power Network, by Year

年 份 Year	网内发电设备容量 /千瓦 Storage Capacity of Generation Equipment /kW	网内发电量 /万千瓦时 Power Generation /10⁴kWh	厂用电量 /万千瓦时 Electricity Used by Power Plant /10⁴kWh	售电量 /万千瓦时 Electricity Sale /10⁴kWh	购入网外电量 /万千瓦时 Off-grid Procurement of Electricity /10⁴kWh	输出网外电量 /万千瓦时 Sale of Electricity to other Grids /10⁴kWh
2002	22524654	7759396	171622	10434233	4405732	2025865
2003	19665229	7018970	170814	10725979	5150140	1980698
2004	21427078	7318308	197545	12011519	6011657	2023133
2005	19179004	6988869	151286	10662175	4865026	2024130
2006	14510485	5235694	104777	8152497	3776703	1707433
2007	16851722	5917131	105143	9334458	4323730	2122614
2008	9482546	5898658	109533	9437153	3735951	1321324
2009	8038590	3905598	99262	7392290	3941988	898184
2010	8324694	4873957	73797	8795146	179935	998791
2011	15947576	5164218	80822	9351381	5012174	1223749
2012	10372392	6184473	108900	11186815	5840687	1705095
2013	18582052	6332882	102442	12097288	6716591	2173555
2014	9988310	5348414	57717	10562712	5272015	2536073

7-8 2014年各地区农村水电电网供电情况

Electricity Supply of Rural Power Network in 2014, by Region

地 区	Region	网内发电设备容量/千瓦 Storage Capacity of Generation Equipment /kW	网内发电量/万千瓦时 Power Generation /10⁴kWh	厂用电量/万千瓦时 Electricity Used by Power Plant /10⁴kWh	售电量/万千瓦时 Electricity Sale /10⁴kWh	购入网外电量/万千瓦时 Off-grid Procurement of Electricity /10⁴kWh	输出网外电量/万千瓦时 Sale of Electricity to other Grids /10⁴kWh
合 计	**Total**	**9988310**	**5348414**	**57717**	**10562712**	**5272015**	**2536073**
北 京	Beijing						
天 津	Tianjin						
河 北	Hebei						
山 西	Shanxi	92230	21932	504	28140	6712	7602
内 蒙 古	Inner Mongolia						
辽 宁	Liaoning						
吉 林	Jilin	160455	77967	510	132535	55078	15123
黑 龙 江	Heilongjiang						
江 苏	Jiangsu						
浙 江	Zhejiang	3695	2779	26	186333	183581	
安 徽	Anhui	139804	30589	600	35820	5831	13541
福 建	Fujian						
江 西	Jiangxi						
山 东	Shandong						
河 南	Henan						
湖 北	Hubei						
湖 南	Hunan	618515	504853	7967	1018653	521767	250233
广 东	Guangdong	24000	475	3	473		46093
广 西	Guangxi	2042847	988872	5642	2431047	1447816	200629
海 南	Hainan	320	1126	30	1095		1035
重 庆	Chongqing						
四 川	Sichuan	3539560	2890682	30015	4894937	2034270	1334606
贵 州	Guizhou	45200	112424	969	373866	262411	171285
云 南	Yunnan	760720	328275	1563	636117	309405	204498
西 藏	Tibet	147339	37030	1454	35577		7628
陕 西	Shaanxi	80995	183084	3117	322312	142345	233391
甘 肃	Gansu	2150	115032	3820	258600	147387	43666
青 海	Qinghai	47850	14696	269	14426		
宁 夏	Ningxia						
新 疆	Xinjiang						
新疆生产建设兵团	Xinjiang Production and Construction Corps	1120900	38597	1228	192780	155411	6741
部 直 属	Organization Directly under the Ministry	1161730					

7-9　历年有农村水电的县通电情况

Counties with Electricity Generated by Hydropower, by Year

年份 Year	乡（镇）Township (Town)		居民 Residents		
	行政 区划数 /个 Administrative Regions /unit	农村水电网 联网乡（镇） /个 Townships Connected with Rural Electrification Network/unit	总户数 /户 Total Household /household	户通电率 /% Percentage of Household Access to Electricity /%	无电人口 /人 Population without Electricity /person
2002	28630	43	192906050	97.53	10150642
2003	26704	10141	182856700	98.44	8171995
2004	25886	10269	187390297	98.85	6572018
2005	25201	8488	188151249	99.14	5356596
2006	24343		194455879	99.30	
2007	23936		198154188	99.48	
2008	24269	5793	207980548	99.60	3080048
2009	24071	5048	211655947	99.69	2280140
2010	24039	4625	213874537	99.75	1947594
2011	24290	4962	214692370	99.74	2114089
2012	24259	5238	216934295	99.83	1555275
2013	24297	5245	222024353	99.89	1089860
2014	24304	4912	222818690	99.90	961006

7-10 2014 年有农村水电的县通电情况（按地区分）

Counties with Electricity Generated by Hydropower in 2014
(by Region)

地区　　　　　Region		乡（镇）Township（Town）		居民 Residents	
		行政区划数 /个 Administrative Regions /unit	农村水电网 联网乡/镇 /个 Townships Connected with Rural Electrification Network/unit	总户数 /户 Total Household /household	户通电率 /% Percentage of Household Access to Electricity /%
合　计	**Total**	24304	4912	222818690	99.84
北　京	Beijing	107		1319000	100.00
天　津	Tianjin				
河　北	Hebei	691		6022920	100.00
山　西	Shanxi	387	25	2917507	99.99
内蒙古	Inner Mongolia	104		965125	100.00
辽　宁	Liaoning	456		3668346	100.00
吉　林	Jilin	287	60	4039790	100.00
黑龙江	Heilongjiang	368		3233996	100.00
江　苏	Jiangsu	167	15	1902025	100.00
浙　江	Zhejiang	975	45	12041866	100.00
安　徽	Anhui	485	66	4686442	100.00
福　建	Fujian	892		7674747	100.00
江　西	Jiangxi	1439		12792639	100.00
山　东	Shandong	523		10304182	100.00
河　南	Henan	904		11396924	100.00
湖　北	Hubei	787		11847055	99.99
湖　南	Hunan	2076	579	17197409	99.99
广　东	Guangdong	1157	113	16313358	99.99
广　西	Guangxi	1098	534	13323049	99.98
海　南	Hainan	200	8	2222184	99.98
重　庆	Chongqing	931		11894752	100.00
四　川	Sichuan	4263	2683	25776447	99.64
贵　州	Guizhou	1316	67	10136816	100.00
云　南	Yunnan	1330	72	13167348	99.49
西　藏	Tibet	579	280	696127	97.51
陕　西	Shaanxi	854	166	5953972	99.97
甘　肃	Gansu	845	127	4146171	99.97
青　海	Qinghai	313	58	1541863	99.03
宁　夏	Ningxia	10		92304	100.00
新　疆	Xinjiang	746		4942193	99.78
新疆生产 建设兵团	Xinjiang Production and Construction Corps	14	14	602133	100.00

主要统计指标解释

农村水电 以小水电站为主体，直接为农村经济社会发展服务的水电站及供电网络。

发电量 电厂（发电机组）在报告期内生产的电能量。

售电量 电力企业出售给用户或其他电力企业的用于消费或生产的电量。

Explanatory Notes of Main Statistical Indicators

Rural hydropower It refers to hydropower stations and power supply networks that directly serve for social and economic development in rural areas, and most of which are small hydropower stations.

Power generation Electricity produced by power plants (electricity generating units) in the report period.

Electricity sale The quantity of electricity sold by electricity enterprises to the users or other electricity enterprises for consumption.

8 水文站网

Hydrological Network

简 要 说 明

水文站网统计资料主要包括水文站、水位站、雨量站、水质站、地下水监测站等水文测站的数量及其按测站类别、观测项目、测验方法分类的数据，以及从业人员和经费等。

本部分资料按流域所属机构和地区分组。历史资料汇总 1949 年至今数据。

1. "水文测站"资料包括水文站、水位站、雨量站、水质站、地下水监测站、实验站、拍报水情站、发布预报站和固定洪调点资料等。

2. "观测项目"包括流量、水位、水质、泥沙、水温、冰情、比降、地下水、蒸发、降水、水文调查等。

3. "测验方法"包括常年驻测、汛期驻测、全年巡测、委托观测、站队结合等。

Brief Introduction

Statistical data of hydrological network mainly includes stations of hydrology, gauging, precipitation, water quality, groundwater monitoring etc, and is sorted according to the types of monitoring stations, observation items and methods, as well as working staff and expenses.

The data is divided into several groups based on organization and region where river basin is located. Historical data is collected from 1949 to present.

1. The data of hydrological observation stations includes information on hydrological station, gauging station, precipitation station, water quality station, groundwater monitoring station, experiment station, perennial hydrologic reporting station, forecast report station, and fixed flood regulation point, etc.

2. Observation items include flow, water level, water quality, sediment, water temperature, ice condition, gradient, groundwater, evaporation, precipitation and hydrologic investigation and so on.

3. Measuring methods include perennial stationary gauging, stationary gauging in flood season, full-year tour gauging, contracting gauging, stations and mobile teams gauging.

8-1 历年水文站网、职工人数和经费

Hydrological Network, Employees and Expenses, by Year

年份 Year	水文站网（处）Hydrological Network/unit						报汛站/处 Hydrometric Station /unit	职工人数 /人 Number of Employee /person	经费/万元 Expenses/10⁴ yuan	
	水文站 Hydrological Station	水位站 Gauging Station	雨量站 Precipitation Station	地下水监测站 Ground-water Monitoring Station	水质站 Water Quality Station	实验站 Experiment Station			事业费 Operating Expenses	基建费 Cost of Construction
1949	148	203	2					756	1.9	
1950	419	425	234			1	386	1892	68.9	
1951	796	701	1145			8	685	4208	388.7	
1952	933	831	1554			3	875	5811	550.7	
1953	1059	1006	1754			8	1173	7292	813.8	
1954	1229	1132	1973			9	1652	8589	1134.5	
1955	1396	1205	2337			11	1962	10312	1581.1	
1956	1769	1449	3371			24	2251	13952	2156.8	
1957	2023	1500	3695			41	2778	14167	2304.8	
1958	2766	1308	5494			132	3548	13806	2174.6	
1959	2995	1338	5487			282	4922	16861	2322.5	
1960	3611	1404	5684			318	6013	16867	2470.3	
1961	3402	1252	5587			149	5102	17266	1740.1	
1962	2842	1199	5980			104	5049	15524	1909.4	
1963	2664	1096	6178			96	5051	16862	1881.0	
1964	2692	1116	7252			90	5058	19424	2064.7	
1965	2751	1129	7909			88		19520	2022.0	
1966	2883	1155	10280			49	4838	18369	3174.8	470.4
1967	2681	1127	9477			82	6133	18272	2881.5	269.0
1968	2559	1048	9500			67	5403	18405	2638.3	221.7
1969	2579	1101	10173			32	5390	17661	2846.8	194.9
1970	2663	1144	10154			37	5501	16866	2874.0	229.7
1971	2727	1191	10486			38	6294	17038	2837.7	343.8
1972	2674	1071	10356			62	5576	17516	3200.0	443.1
1973	2690	1329	10447	1322	134	52	6629	17902	2824.2	671.5
1974	2778	1349	11416	3702	80	31	6110	18170	2886.0	812.3

注 1. 表中 1949—1965 年经费统计为事业费和基建费之和。

　　2. 1958—1964 年实验站数的统计中均包括了部分径流站。

　　3. 1960 年水文站数为年报统计数，偏大。经查核，水文年鉴刊布有流量资料的为 3365 站，年报数仅供参考。

　　4. 1957—1965 年测站数中包括水利（电）勘测部门的站。

　　5. 1959—1965 年水文职工数中包括水利（电）勘测部门的水文工作人员。

　　6. 水文站数据含外部门管理的处数。

Note 1. No separate statistical data of operating expenses and cost of construction are given for the data during 1949-1965.

　　2. The statistics of experiment stations during 1958-1964 includes only some runoff stations.

　　3. The number of hydrological stations in 1960 is estimated based on the Annual Report. After recheck, the stations with runoff data in the Hydrology Year-book are 3,365, and the data of Annual Report is for reference only.

　　4. Observation stations during 1957-1965 include stations under water (power) reconnaissance and design institutions.

　　5. Employees of hydrological stations during 1959-1965 include hydrological engineers and workers in water (power) reconnaissance and design institutions.

　　6. Hydrological stations include those under the management of others despite of water department.

8-1 续表 continued

年份 Year	水文站网（处）Hydrological Network/unit						报汛站/处 Hydrometric Station /unit	职工人数 /人 Number of Employee /person	经费/万元 Expenses/10⁴ yuan	
	水文站 Hydrological Station	水位站 Gauging Station	雨量站 Precipitation Station	地下水监测站 Ground-water Monitoring Station	水质站 Water Quality Station	实验站 Experiment Station			事业费 Operating Expenses	基建费 Cost of Construction
1975	2840	1196	10738	7681	520	24	6949	19180	3193.9	869.3
1976	2882	1336	11855	6858	663	29	8563	19981	3432.3	1215.0
1977	2917	1326	12817		609	26	8369	20886	3661.5	1118.5
1978	2922	1320	13309	11326	758	33	9010	21571	4293.7	1413.4
1979	3034	1202	14424	12992	681	45	8265	22856	7432.3	1889.1
1980	3294	1320	15732	16112	747	53	8731	24374	7562.1	1701.7
1981	3341	1317	15969	13343	848	57	8646	26240	7805.1	1085.2
1982	3401	1373	16437		1209	60	8369	27076	8182.9	1374.2
1983	3418	1413	16545	12487	1024	60	8401	27744	8621.0	1677.7
1984	3396	1425	16734	12134	977	63	8418	28316	9942.0	1669.0
1985	3384	1420	16406	12188	1011	63	8381	28426	10910.9	1959.9
1986	3400	1380	16697	11893	1648	58	8583	28549	12581.9	2405.7
1987	3397	1316	16448	11880	1946	56	8539	28793	12863.8	2447.5
1988	3450	1263	16273	13948	1846	64	8843	28516	14201.0	2715.3
1989	3269	1258	15605			58	8617	28257	15583.4	2645.6
1990	3265	1178	15602		2052	61	8604	28065	17233.2	4189.7
1991	3238	1201	15356	13523	2113	60	8482	28211	21285.0	5378.4
1992	3172	1149	15368	11400	2327	56	8525	28202	22725.8	6476.0
1993	3099	1156	15505			48	7485	27439	23981.0	6469.3
1994	3090	1148	14202	11807	1944	66	7423	27278	34160.9	7729.7
1995	3039	1158	14613	11518	1839	69	7165	26404	35347.0	11312.0
1996	3006	1107	14158	11179	2401	61	6987	26555	36321.0	12744.7
1997	3040	1093	14191	10874	2572	128	7296	26118	40386.3	14049.7
1998	3683	1084	13910	11509	2694	129	7484	25929	64311.5	15372.1
1999	3657	1079	13855	11528	2753	125	7584	25238	63628.5	15115.7
2000	3124	1093	14242	11768	2861	81	7559	25146	78514.3	24346.4
2001	3146	1084	14337	11786	3025	75	7716	25180	90125.6	30209.0
2002	3130	1073	14454	11620	3228	74	7893	25436	114414.0	31307.0
2003	3158	1135	14196	12116	3695	80	7648	25640	139392.0	26230.0
2004	3182	1134	14108	11757	3946	70	7595	25906	133830.0	31515.0
2005	3191	1160	14373	12313	4557	69	7815	26133	152446.0	22673.0
2006	3183	1180	13866	12598	5140	78	8220	26654	170812.0	45421.0
2007	3162	1221	14211	12551	5468	90	8561	26237	199286.0	43031.0
2008	3171	1244	14602	12683	5668	51	9678	26480	237430.0	56371.0
2009	3183	1407	15750	12522	6097	49	10294	26438	283268.0	59182.0
2010	3193	1467	17245	12991	6535	57	12786	26366	295179.0	75445.0
2011	3219	1523	19082	13489	7750	53	12444	26270	366162.0	338178.0
2012	3592	5317	35637	13726	10030	58	16469	26211	394928.0	381950.0
2013	4011	9330	43028	16407	11795	57	24518	26236	455736.0	404537.0
2014	4882	9890	46980	16990	12869	58	43539	25856	534921.0	243395.0

8-2 2014 年水文站网（按地区分）

Hydrological Network in 2014 (by Region)

单位：处　　unit: unit

地区	Region	水文站合计 Total Hydrological Station	河道 River Course	水库 Reservoir	湖泊 Lake	潮流量 Tide Flow	水位站合计 Total Gauging Station	河道 River Course	水库 Reservoir	湖泊 Lake	潮水 Tide
合　计	**Total**	**3091**	**2729**	**250**	**29**	**45**	**1316**	**786**	**221**	**98**	**211**
北　京	Beijing	61	43	18							
天　津	Tianjin	23	23				2	2			
河　北	Hebei	135	113	20	2		15	4	4	7	
山　西	Shanxi	69	60	9							
内蒙古	Inner Mongolia	143	141	2			10	4	3	3	
辽　宁	Liaoning	99	98	1			9	6			3
吉　林	Jilin	107	99	8			14	14			
黑龙江	Heilongjiang	119	109	10			47	43	2	2	
上　海	Shanghai	9				9	45				45
江　苏	Jiangsu	150	144	6			137	98	6	17	16
浙　江	Zhejiang	81	78			3	132	97			35
安　徽	Anhui	109	62	42	1	2	87	47	22	16	2
福　建	Fujian	55	54	1			43	32			11
江　西	Jiangxi	107	107				56	48		8	
山　东	Shandong	135	97	37	1		17	9		5	3
河　南	Henan	126	102	24			32	29	3		
湖　北	Hubei	93	81	11	1		41	12	18	11	
湖　南	Hunan	110	109	1			12	12			
广　东	Guangdong	77	71	3		3	92	37	1		54
海　南	Hainan	13	11	2			8	5			3
广　西	Guangxi	126	123	2		1	25	21			4
四　川	Sichuan	137	137				30	29		1	
重　庆	Chongqing	31	31				121	121			
贵　州	Guizhou	88	88				2	2			
云　南	Yunnan	156	147	3	6		13	3	1	9	
西　藏	Tibet	43	43				5	3		2	
陕　西	Shaanxi	93	78				4	4			
甘　肃	Gansu	95	83	12							
青　海	Qinghai	32	32				1			1	
宁　夏	Ningxia	29	26				11	11			
新　疆	Xinjiang	129	128		1						
新疆生产建设兵团	Xinjiang Production and Construction Corps	20	12	8			117		117		
长江委	Yangtze River Water Resources Commission	118	72	19	17	9	100	40	38	14	8
黄　委	Yellow River Water Resources Commission	135	110	8			77	50	6	2	19
珠　委	Pearl River Water Resources Commission	17				17	8				8
海　委	Haihe River Water Resources Commission	11	8	3			3	3			
松辽委	Songliao River Water Resources Commission	6	6								
淮　委	Huaihe River Water Resources Commission	1	1								
太湖局	Taihu Basin Authority	3	2			1					

注　水文站网数为水文部门管理的数量。

Note　Number of hydrological stations and networks in this table are the total managed by hydrological department.

8-2　续表 continued

地区 Region	雨量站合计 Total Precipitation Station	常年 Perennial	汛期 Flood Season	蒸发站 Evaporation Station	墒情站合计 Total Soil Moisture Station	人工观测 Manual Observation	自动测报 Automatic Reporting	地下水监测站 Groundwater Monitoring Station
合　计　Total	**15135**	**13571**	**1564**	**21**	**1927**	**1041**	**886**	**16990**
北　京　Beijing	140	138	2		80		80	885
天　津　Tianjin	28	11	17					1349
河　北　Hebei	939	709	230	1	268	175	93	1202
山　西　Shanxi	802	726	76		71	71		2711
内蒙古　Inner Mongolia	628	527	101		100	100		830
辽　宁　Liaoning	434	299	135	2	92	92		701
吉　林　Jilin	285	192	93	1	109	19	90	1285
黑龙江　Heilongjiang	626	405	221					1329
上　海　Shanghai	10	10						3
江　苏　Jiangsu	237	229	8		27	27		1147
浙　江　Zhejiang	485	485			15		15	215
安　徽　Anhui	674	640	34	1	216	87	129	195
福　建　Fujian	401	401		1	16		16	23
江　西　Jiangxi	799	799			68		68	20
山　东　Shandong	663	346	317		164	164		1970
河　南　Henan	751	483	268		210	122	88	1934
湖　北　Hubei	544	544			62	26	36	33
湖　南　Hunan	491	491			119	70	49	
广　东　Guangdong	779	779		5	29		29	10
海　南　Hainan	182	182		6				
广　西　Guangxi	523	523			12		12	5
四　川　Sichuan	561	548	13		11	11		56
重　庆　Chongqing	832	832			72		72	
贵　州　Guizhou	507	507			39		39	
云　南　Yunnan	872	872			53		53	2
西　藏　Tibet	16	16			6		6	14
陕　西　Shaanxi	552	552			41	41		
甘　肃　Gansu	330	330			20	20		282
青　海　Qinghai	86	80	6					74
宁　夏　Ningxia	155	125	30		26	15	11	229
新　疆　Xinjiang	9	9						448
新疆生产建设兵团　Xinjiang Production and Construction Corps				1				1
长江委　Yangtze River Water Resources Commission	29	29		2	1	1		37
黄　委　Yellow River Water Resources Commission	765	752	13	1				
珠　委　Pearl River Water Resources Commission								
海　委　Haihe River Water Resources Commission								
松辽委　Songliao River Water Resources Commission								
淮　委　Huaihe River Water Resources Commission								
太湖局　Taihu Basin Authority								

8-2 续表 continued

地区	Region	水质站合计 Total Water Quality Monitoring Station	人工取样 Manual Sampling	自动监测 Automatic Station	实验站 合计 Total Experiment Station	径流 Runoff	蒸发 Evaporation	测验方法 Experiment Method	水库 Reservoir	地下水 Ground-water	兼水文站 Used as Hydro-logical Station Despite of Other Functions
合 计	Total	**12869**	**12684**	**185**	**58**	**19**	**14**	**4**	**2**	**7**	**19**
北 京	Beijing	565	539	26							
天 津	Tianjin	178	176	2							
河 北	Hebei	290	285	5	6	1	1				5
山 西	Shanxi	135	134	1	2					2	
内蒙古	Inner Mongolia	197	197								
辽 宁	Liaoning	919	919		3	1	1				1
吉 林	Jilin	113	113		7	3	4				
黑龙江	Heilongjiang	108	108		4	3	1				3
上 海	Shanghai	347	312	35							
江 苏	Jiangsu	1836	1797	39	1	1					
浙 江	Zhejiang	917	915	2	1	1					
安 徽	Anhui	399	399		10	4	1			1	4
福 建	Fujian	731	711	20	2		1	1			1
江 西	Jiangxi	434	433	1	3			2			
山 东	Shandong	578	578								
河 南	Henan	222	222								
湖 北	Hubei	403	403								
湖 南	Hunan	217	216	1							
广 东	Guangdong	535	521	14	1		1				
海 南	Hainan	92	92								
广 西	Guangxi	271	271								
四 川	Sichuan	407	397	10	1						
重 庆	Chongqing	189	189								
贵 州	Guizhou	210	210		1	1					1
云 南	Yunnan	811	810	1							
西 藏	Tibet	53	53		3	2	1				2
陕 西	Shaanxi	237	237								
甘 肃	Gansu	136	136		1					1	
青 海	Qinghai	218	217	1							
宁 夏	Ningxia	81	81								
新 疆	Xinjiang	236	236		1	1					1
新疆生产建设兵团	Xinjiang Production and Construction Corps	16	16		2		1			1	
长江委	Yangtze River Water Resources Commission	213	210	3	4		1			2	1
黄 委	Yellow River Water Resources Commission	67	66	1	4	1	1		2		
珠 委	Pearl River Water Resources Commission	156	151	5							
海 委	Haihe River Water Resources Commission	212	201	11							
松辽委	Songliao River Water Resources Commission	1		1							
淮 委	Huaihe River Water Resources Commission										
太湖局	Taihu Basin Authority	139	133	6	1			1			

8-2 续表 continued

地区 Region	拍报水情测站合计 Total Hydrologic Reporting Station	水文站 Hydrological Station	水位站 Gauging Station	雨量站 Precipitation Station	发布预报测站 Forecast Report Station	专用站 Special Purpose Hydrological Station		
						水文站 Hydrological Station	水位站 Gauging Station	雨量站 Precipitation Station
合计 Total	**43539**	**3213**	**4153**	**30155**	**1389**	**1710**	**8574**	**31845**
北京 Beijing	1078	79	2	74	21			
天津 Tianjin	1415	36	2	28		45		
河北 Hebei	1006	193	39	655	50	28	54	195
山西 Shanxi	2189			2118		3	49	987
内蒙古 Inner Mongolia	221	135	2	84	7		16	687
辽宁 Liaoning	2497	93	7	1619	58	1	52	1196
吉林 Jilin	1735	97	34	1323	194	42	52	1325
黑龙江 Heilongjiang	1499	112	115	1272	92	42	100	1384
上海 Shanghai	227		156	71	7	16	87	63
江苏 Jiangsu	829	266	233	252	7	162	156	125
浙江 Zhejiang	1006	124	148	643	38	136	2535	2291
安徽 Anhui	2054	122	759	1089	134	36	174	1272
福建 Fujian	661	43	178	401	47		1982	1503
江西 Jiangxi	1297	80	64	1085	68		532	2573
山东 Shandong	1548	125	10	533	62	15	193	1224
河南 Henan	2022	107	124	990	90	240	72	2158
湖北 Hubei	1947	257	318	1277	8	164	277	733
湖南 Hunan	1672	120	153	1350	110	104	104	644
广东 Guangdong	436	54	101	275	123	67	290	1040
海南 Hainan	203	13	8	182	7	32	21	9
广西 Guangxi	3098	172	267	2644	101	152	248	2822
四川 Sichuan	790	135	30	558	24	4		
重庆 Chongqing	5348	19	762	4495	11	176	641	3663
贵州 Guizhou	2027	180	213	1595	19	68	179	970
云南 Yunnan	2559	121		2421	4		92	1680
西藏 Tibet	702	24	63	615		64	57	606
陕西 Shaanxi	2001	82	109	1769	33	10	119	1343
甘肃 Gansu	109	81				30	145	147
青海 Qinghai	34	31	1	2	14	6	28	322
宁夏 Ningxia	57	15		16		29	84	746
新疆 Xinjiang	68	67	1		14	9	59	78
新疆生产建设兵团 Xinjiang Production and Construction Corps	138	20	117					
长江委 Yangtze River Water Resources Commission	173	74	92	7	29	5	164	
黄委 Yellow River Water Resources Commission	863	113	38	712	14	2	7	59
珠委 Pearl River Water Resources Commission	3	3						
海委 Haihe River Water Resources Commission	18	11	7		2	10	5	
松辽委 Songliao River Water Resources Commission	6	6						
淮委 Huaihe River Water Resources Commission	1	1						
太湖局 Taihu Basin Authority	2	2			1	12		

8-2 续表 continued

地区 Region		辅助断面 Supple- mentary Cross Section	固定 洪调点 Fixed Flood Regulation Point	其他部门管理 的水文站 Hydrological Stations Managed by Other Departments	观测项目类别 Observation Items						
					流量 Flow	水位 Water Level	水质 Water Quality	泥沙 Sediment			
								悬移质 Suspended Load	推移质 Bed Load	河床质 Bedsand	颗粒分析 Particle Analysis
合 计	Total	777	353	81	4789	9561	12872	1561	62	104	343
北 京	Beijing				116	136	565	14			10
天 津	Tianjin			5	81	124	178	20			8
河 北	Hebei	113		1	256	332	290	163			54
山 西	Shanxi				69	118	135	63			33
内蒙古	Inner Mongolia				143	166	197	86			4
辽 宁	Liaoning		6	21	99	157	919	75			31
吉 林	Jilin				172	215	113	44			
黑龙江	Heilongjiang				161	308	108	25			8
上 海	Shanghai				9	148	347				
江 苏	Jiangsu	23	12		356	510	1836	21			
浙 江	Zhejiang	1		12	101	264	917	14			
安 徽	Anhui	87		7	157	380	399	35			2
福 建	Fujian			2	55	221	731	28	28		
江 西	Jiangxi				107	695	433	30			13
山 东	Shandong	181			140	299	578	45			3
河 南	Henan	130	50	2	163	169	222	42			
湖 北	Hubei		7		298	641	403			15	4
湖 南	Hunan	17		1	211	329	217	31			
广 东	Guangdong	39		5	174	531	535	24			5
海 南	Hainan				25	21	92	5			
广 西	Guangxi	7			278	551	271	41			
四 川	Sichuan			12	142	172	407	63			23
重 庆	Chongqing				205	969	189	132			
贵 州	Guizhou	2			74	83	210	28			
云 南	Yunnan	40			156	261	811	60			
西 藏	Tibet				43	63	53	7			
陕 西	Shaanxi			3	93	197	237	65			20
甘 肃	Gansu		202		132	295	136	66			
青 海	Qinghai	12	32		51	71	218	30			1
宁 夏	Ningxia	15	44	10	74	97	81	31			
新 疆	Xinjiang				159	160	236	82			
新疆生产 建设兵团	Xinjiang Production and Construction Corps				137	138	16	14	2	2	2
长江委	Yangtze River Water Resources Commission				118	382	213	71	17	24	54
黄 委	Yellow River Water Resources Commission	17			137	221	67	78		78	66
珠 委	Pearl River Water Resources Commission	29			46	54	156	13			
海 委	Haihe River Water Resources Commission				30	50	212	9			
松辽委	Songliao River Water Resources Commission				6	18	5	6			2
淮 委	Huaihe River Water Resources Commission				1	1					
太湖局	Taihu Basin Authority	64			14	14	139				

8-2 续表 continued

地区	Region	观测项目类别 Observation Items								
		水温 Water Temperature	冰情 Ice Condition	比降 Gradient	地下水 Groundwater	墒情 Soil Moisture	蒸发 Evaporation	降水 Precipitation	水文调查 Hydrological Investigation	辅助气象项目 Assistant Metrological Project
合 计	Total	1252	1235	1019	18713	1991	1629	46461	1347	375
北 京	Beijing	25	35	17	885	80	27	140	20	17
天 津	Tianjin	10	50		1349		7	49	17	11
河 北	Hebei	75	146	11	1139	274	45	1343		11
山 西	Shanxi	61	64	63	2890	71	18	2187	69	68
内蒙古	Inner Mongolia	76	105	100	1010	100	103	628	20	
辽 宁	Liaoning	45	66	76	800	92	40	1754	92	1
吉 林	Jilin	70	82	62	1671	109	27	1811	74	9
黑龙江	Heilongjiang	137	141	46	1649		71	2154	115	64
上 海	Shanghai	9			3		13	207	10	25
江 苏	Jiangsu	7		1	1376	27	35	563		
浙 江	Zhejiang	29		3	215	15	91	826		
安 徽	Anhui	35		30	369	216	48	1415		6
福 建	Fujian	21		41	23	16	27	497		1
江 西	Jiangxi	39		35	39	68	51	3739		3
山 东	Shandong	7	99	19	1825	164	49	2027	135	
河 南	Henan	35	107	45	2155	210	51	4028	130	9
湖 北	Hubei	20			44	62	43	1838	449	
湖 南	Hunan	27		67		119	47	1136		2
广 东	Guangdong			42	10	52	50	2118	25	22
海 南	Hainan	5		9			6	203	8	2
广 西	Guangxi	43		67	7	12	78	3129		22
四 川	Sichuan	18	8	30	70	11	74	715		1
重 庆	Chongqing			2		107	46	5464		
贵 州	Guizhou	42				39	73	593		
云 南	Yunnan	59			3	53	120	2805		
西 藏	Tibet	27	15		21	6	35	43		12
陕 西	Shaanxi	20	1			41	52	1888		
甘 肃	Gansu	40	41	41	282	20	74	477		21
青 海	Qinghai	17	34	23	74		37	446	32	1
宁 夏	Ningxia	5	17	16	316	26	17	1078	70	
新 疆	Xinjiang	103	90	60			102	113		19
新疆生产建设兵团	Xinjiang Production and Construction Corps	20	19		1		6	8	2	5
长江委	Yangtze River Water Resources Commission	39	4	1	38	1	17	165		
黄 委	Yellow River Water Resources Commission	57	98	104			37	765	79	33
珠 委	Pearl River Water Resources Commission							1		
海 委	Haihe River Water Resources Commission	9	7	4	1		6	11		2
松辽委	Songliao River Water Resources Commission	6	6	4			4	94		4
淮 委	Huaihe River Water Resources Commission							1	1	1
太湖局	Taihu Basin Authority	14					1	2		4

主要统计指标解释

水文测站 为经常收集水文数据而在河、渠、湖、库上或流域内设立的各种水文观测场所的总称。

基本站 为公用目的，经统一规划设立，能获取基本水文要素值多年变化资料的水文测站。它应进行较长期的连续观测，资料长期存储。

水文站 设在河、渠、湖、库上以测定水位和流量为主的水文测站，根据需要还可兼测降水、水面蒸发、泥沙、水质等有关项目。

水位站 以观测水位为主，可兼测降水量等项目的水文测站。

雨量站（降水量站） 观测降水量的水文测站。

水面蒸发站 观测水面蒸发量的水文测站。

水质站（水质监测站） 为掌握水质动态，收集和积累水质基本资料而设置的水文测站。

地下水监测站 为探求地下水运动规律，进行地下水动态观测的水文测站。

水文实验站 在天然和人为特定实验条件下，由一个或一组水文观测试验项目站点组成的专门场所。

巡测站 对部分或全部水文要素视其变化定时或不定时到现场进行测验的水文测站。

墒情站 观测土壤含水量变化的水文测站。

Explanatory Notes of Main Statistical Indicators

Hydrological station General term for hydrological observation places that are located in river, canal, lake, reservoir or inside river basin for gathering hydrological data.

Basic station It is built for public purpose and designed according to unified planning to gather multi-year and long series hydrological data. This kind of station carries out long-term and continuous observation and stores data for future usage.

Hydrological station It is placed in river, canal, lake or reservoir and mainly for observation of water level and flow. When necessary, it is also used to observe precipitation, evaporation, sediment, water quality and other related data.

Stage gauging station It is mainly used to observe water level, and can observe precipitation and other related data at the same time.

Rainfall station (Precipitation station) It is used to observe precipitation.

Evaporation station It is used to observe evaporation of water surface.

Water quality station (Water quality monitoring station) It is used to gather and accumulate basic data of water quality and dynamic condition of water quality.

Groundwater monitoring station It is used to understand the principle of groundwater movement and carry out dynamic observation of aquifer.

Hydrologic experimental station It is specially formed by one or a series of experimental stations for hydrological observation under natural or artificially experimental conditions.

Tour hydrological station It is used to make on-the-spot observation to all or partial hydrological elements on regular or irregular basis according to their changing situations.

Soil moisture gauging station It is used to observe the variation of soil water content.

9 从业人员情况

Employees

 Employees

简 要 说 明

从业人员情况统计资料主要包括水利部机关、直属单位、各省（自治区、直辖市）和计划单列市水利（水务）厅（局）的从业人员和技术工人情况等。

本部分资料分水利部机关和流域委员会、水利部在京直属单位、其他京外直属单位和地方水利部门。

Brief Introduction

Statistical data of employment provides you with information on employees working for the water sector, including staff and workers employed by the Ministry of Water Resources and organizations under the ministry, water resources departments of provinces (autonomous regions or municipalities) as well as cities with separate plans.

The data of Ministry of Water Resources and river basin commissions under the Ministry, affiliate organizations of the Ministry in Beijing and affiliate organizations of the Ministry out of Beijing and local water resources departments is shown separately by group.

9-1 2014年水利部从业人员

Employees of the Ministry of Water Resources in 2014

单位 Institution		单位个数 /个 Number of Organizations /unit	年末人数 Total staff at the End of the Year				
			单位从业人员 /人 Employees /person	#女性 Female	在岗职工 Full-time Staff	劳务派遣人员 Contracted Service Staff	其他从业 人员 Other Employees
水利部	Ministry of Water Resources(MWR)	791	74208	19783	67338	4829	2041
水利部机关和流域机构	MWR and River Basin Commissions	585	53466	13619	49022	3288	1156
水利部在京直属单位	Affiliate Organizations of MWR in Beijing	187	17300	5305	15840	762	698
其他京外直属单位	Affiliate Organizations of MWR outside Beijing	19	3442	859	2476	779	187

9-1 续表 continued

单 位	Institution	平均人数 Average Number			
		单位从业人员 /人 Employees /person	在岗职工 Full-time Staff	劳务派遣人员 Contracted Service Staff	其他从业人员 Other Employees
水利部	**Ministry of Water Resources (MWR)**	**74176**	**67373**	**4734**	**2070**
水利部机关和流域机构	Ministry and River Basin Commissions	53480	49120	3202	1158
水利部在京直属单位	Affiliate Organizations of MWR in Beijing	17261	15776	751	734
其他京外直属单位	Affiliate Organizations of MWR outside Beijing	3436	2477	781	178

9-2 2014 年地方水利部门从业人员
Employees of Local Water Resources Departments in 2014

单 位	Institution	单位个数 /个 Number of Organizations /unit	单位从业人员 年末人数/人 Employees at the end of the Year /person	#女性 Female	在岗职工 Fully Employed Staff	劳务派遣人员 Service Dispatching Employees	其他从业人员 Other Employees
地方水利部门	**Local Water Resources Departments**	**43948**	**925337**	**262874**	**904085**	**5210**	**16042**
北京市水务局	Beijing Water Authority	301	10104	3585	10039	65	
天津市水务局	Tianjin Water Authority	205	9448	2833	9369		79
河北省水利厅	Hebei Provincial Water Resources Department	1671	51128	17236	51128		
山西省水利厅	Shanxi Provincial Water Resources Department	2013	41810	12538	41065	125	620
内蒙古自治区水利厅	Water Resources Department of Inner Mongolia Autonomous Region	1001	26983	8447	26821		162
辽宁省水利厅	Liaoning Provincial Water Resources Department	1811	33771	9884	33651	34	86
吉林省水利厅	Jilin Provincial Water Resources Department	1312	27870	8054	27852	18	
黑龙江省水利厅	Heilongjiang Provincial Water Resources Department	1460	30161	7891	30133		28
上海市水务局	Shanghai Water Authority	149	4068	1017	3797	268	3
江苏省水利厅	Jiangsu Provincial Water Resources Department	2282	35056	8543	34899	127	30
浙江省水利厅	Zhejiang Provincial Water Resources Department	3186	53892	11883	46265	3514	4113
安徽省水利厅	Anhui Provincial Water Resources Department	1604	31564	7452	31516	32	16
福建省水利厅	Fujian Provincial Water Resources Department	928	13458	3272	13339	117	2
江西省水利厅	Jiangxi Provincial Water Resources Department	1609	21853	5143	21845		8
山东省水利厅	Shandong Provincial Water Resources Department	2684	50023	14028	49934	5	84
河南省水利厅	Henan Provincial Water Resources Department	2030	62830	20270	62448	96	286
湖北省水利厅	Hubei Provincial Water Resources Department	2343	46670	13737	45650	242	778
湖南省水利厅	Hunan Provincial Water Resources Department	2593	61699	16408	57520	47	4132
广东省水利厅	Guangdong Provincial Water Resources Department	1629	50885	12827	50198	66	621
广西壮族自治区水利厅	Water Resources Department of Guangxi Zhuang Autonomous Region	1739	27599	7799	26368	177	1054
海南省水务厅	Hainan Water Authority	206	8959	2057	8815	53	91
重庆市水利局	Chongqing Water Resources Bureau	699	10607	3566	10554	9	44
四川省水利厅	Sichuan Provincial Water Resources Department	2322	38965	11685	38007	173	785
贵州省水利厅	Guizhou Provincial Water Resources Department	1341	13098	3868	12896		202
云南省水利厅	Yunnan Provincial Water Resources Department	2082	23534	6672	23534		
西藏自治区水利厅	Water Resources Department of Tibet Autonomous Region	125	3235	739	2364		871
陕西省水利厅	Shaanxi Provincial Water Resources Department	1589	47141	15996	47131		10
甘肃省水利厅	Gansu Provincial Water Resources Department	1093	31575	9216	31069		506
青海省水利厅	Qinghai Provincial Water Resources Department	364	6622	2057	6622		
宁夏回族自治区水利厅	Water Resources Department of Ningxia Hui Autonomous Region	251	9394	2524	9386	8	
新疆维吾尔自治区水利厅	Water Resources Department of Xinjiang Uygur Autonomous Region	870	27903	8294	26477	6	1420
大连市水务局	Dalian Water Authority	92	6391	1648	6378	2	11
宁波市水利局	Ningbo Water Resources Bureau	147	2128	422	2102	26	
厦门市水利局	Xiamen Water Resources Bureau	31	364	54	364		
青岛市水利局	Qingdao Water Resources Bureau	166	3176	877	3176		
深圳市水务局	Shenzhen Water Authority	20	1373	352	1373		

9-2　续表 continued

单 位	Institution	平均人数 Average Number			
		单位从业人员 /人 Employees /person	在岗职工 Full-time Staff	劳务派遣人员 Contracted Service Staff	其他从业人员 Other Employees
地方水利部门	**Local Water Resources Departments**	**914946**	**901844**	**7750**	**16127**
北京市水务局	Beijing Water Authority	10114	10050	65	
天津市水务局	Tianjin Water Authority	9453	9419		82
河北省水利厅	Hebei Provincial Water Resources Department	51334	51287		15
山西省水利厅	Shanxi Provincial Water Resources Department	40846	40395	99	462
内蒙古自治区水利厅	Water Resources Department of Inner Mongolia Autonomous Region	26631	26475	13	158
辽宁省水利厅	Liaoning Provincial Water Resources Department	33740	33576	34	144
吉林省水利厅	Jilin Provincial Water Resources Department	27906	27857	14	
黑龙江省水利厅	Heilongjiang Provincial Water Resources Department	30215	30102		180
上海市水务局	Shanghai Water Authority	4099	3823	269	3
江苏省水利厅	Jiangsu Provincial Water Resources Department	35044	34910	125	30
浙江省水利厅	Zhejiang Provincial Water Resources Department	51650	46265	3514	3913
安徽省水利厅	Anhui Provincial Water Resources Department	31609	31547	32	16
福建省水利厅	Fujian Provincial Water Resources Department	13442	13331	117	354
江西省水利厅	Jiangxi Provincial Water Resources Department	21869	21843	2412	8
山东省水利厅	Shandong Provincial Water Resources Department	49967	49848	5	93
河南省水利厅	Henan Provincial Water Resources Department	63055	62666	134	297
湖北省水利厅	Hubei Provincial Water Resources Department	47017	45761	139	1298
湖南省水利厅	Hunan Provincial Water Resources Department	59710	60553	47	2813
广东省水利厅	Guangdong Provincial Water Resources Department	45814	45038	64	703
广西壮族自治区水利厅	Water Resources Department of Guangxi Zhuang Autonomous Region	27558	26441	171	1054
海南省水务厅	Hainan Water Authority	8945	8791	53	91
重庆市水利局	Chongqing Water Resources Bureau	10575	10520	9	44
四川省水利厅	Sichuan Provincial Water Resources Department	39235	38237	175	812
贵州省水利厅	Guizhou Provincial Water Resources Department	13066	12905		209
云南省水利厅	Yunnan Provincial Water Resources Department	23534	23534		
西藏自治区水利厅	Water Resources Department of Tibet Autonomous Region	2643	2376		871
陕西省水利厅	Shaanxi Provincial Water Resources Department	47258	47234		14
甘肃省水利厅	Gansu Provincial Water Resources Department	31583	31091		506
青海省水利厅	Qinghai Provincial Water Resources Department	6617	6619	169	3
宁夏回族自治区水利厅	Water Resources Department of Ningxia Hui Autonomous Region	9376	9407	8	704
新疆维吾尔自治区水利厅	Water Resources Department of Xinjiang Uygur Autonomous Region	27482	26516	6	1204
大连市水务局	Dalian Water Authority	6503	6450	42	11
宁波市水利局	Ningbo Water Resources Bureau	2141	2105	26	
厦门市水利局	Xiamen Water Resources Bureau	372	370		
青岛市水利局	Qingdao Water Resources Bureau	3176	3175		
深圳市水务局	Shenzhen Water Authority	1369	1328	8	35

9-3 2014 年水利部职工职称情况

Employees with Technical Titles of the Ministry of Water Resources in 2014

单 位	Institution	合计/人 Total /person	高级 Senior	中级 Intermediate	初级 Elementary
水利部	**Ministry of Water Resources (MWR)**	**38060**	**12808**	**13505**	**11747**
水利部机关和流域机构	The Ministry and River Basin Commissions	29057	9071	10605	9381
水利部在京直属单位	Affiliate Organizations of the Ministry in Beijing	6929	2811	2246	1872
其他京外直属单位	Affiliate Organizations of the Ministry out of Beijing	2074	926	654	494

 Employees

9-4 2014年地方水利部门职工职称情况

Employees with Technical Titles in Local Water Resources Departments in 2014

单　　位	Institution	合计 /人 Total /person	高级 Senior	中级 Intermediate	初级 Elementary
地方水利部门	**Local Water Resources Departments**	**308010**	**40533**	**118888**	**148589**
北京市水务局	Beijing Water Authority	4052	574	1326	2152
天津市水务局	Tianjin Water Authority	4453	1211	1655	1587
河北省水利厅	Hebei Provincial Water Resources Department	15945	2409	4947	8589
山西省水利厅	Shanxi Provincial Water Resources Department	12257	1091	4645	6521
内蒙古自治区水利厅	Water Resources Department of Inner Mongolia Autonomous Region	8132	1684	3534	2914
辽宁省水利厅	Liaoning Provincial Water Resources Department	11522	1485	5042	4995
吉林省水利厅	Jilin Provincial Water Resources Department	9696	1689	3646	4361
黑龙江省水利厅	Heilongjiang Provincial Water Resources Department	11473	2626	4639	4208
上海市水务局	Shanghai Water Authority	1442	134	479	829
江苏省水利厅	Jiangsu Provincial Water Resources Department	13938	1628	5539	6771
浙江省水利厅	Zhejiang Provincial Water Resources Department	26347	3670	11664	11013
安徽省水利厅	Anhui Provincial Water Resources Department	9761	1226	3787	4748
福建省水利厅	Fujian Provincial Water Resources Department	5287	961	2197	2129
江西省水利厅	Jiangxi Provincial Water Resources Department	6504	835	2414	3255
山东省水利厅	Shandong Provincial Water Resources Department	23576	2807	8583	12186
河南省水利厅	Henan Provincial Water Resources Department	13990	1296	5357	7337
湖北省水利厅	Hubei Provincial Water Resources Department	13938	1186	6183	6569
湖南省水利厅	Hunan Provincial Water Resources Department	15349	1264	6317	7768
广东省水利厅	Guangdong Provincial Water Resources Department	11044	1538	3385	6121
广西壮族自治区水利厅	Water Resources Department of Guangxi Zhuang Autonomous Region	8964	909	3702	4353
海南省水务厅	Hainan Water Authority	1206	134	342	730
重庆市水利局	Chongqing Water Resources Bureau	3235	486	1297	1452
四川省水利厅	Sichuan Provincial Water Resources Department	13510	1843	5392	6275
贵州省水利厅	Guizhou Provincial Water Resources Department	5791	612	2075	3104
云南省水利厅	Yunnan Provincial Water Resources Department	9075	764	3500	4811
西藏自治区水利厅	Water Resources Department of Tibet Autonomous Region	884	93	327	464
陕西省水利厅	Shaanxi Provincial Water Resources Department	14081	1725	5215	7141
甘肃省水利厅	Gansu Provincial Water Resources Department	10496	1273	3773	5450
青海省水利厅	Qinghai Provincial Water Resources Department	3201	573	1237	1391
宁夏回族自治区水利厅	Water Resources Department of Ningxia Hui Autonomous Region	4509	685	1808	2016
新疆维吾尔自治区水利厅	Water Resources Department of Xinjiang Uygur Autonomous Region	9990	1404	3207	5379
大连市水务局	Dalian Water Authority	1293	204	529	560
宁波市水利局	Ningbo Water Resources Bureau	981	143	455	383
厦门市水利局	Xiamen Water Resources Bureau	93	21	45	27
青岛市水利局	Qingdao Water Resources Bureau	1453	135	468	850
深圳市水务局	Shenzhen Water Authority	542	215	177	150

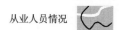

9-5　2014 年水利部技术工人结构

Statistics of Skilled Workers of the Ministry of Water Resources in 2014

单　位	Institution	合计 /人 Total /person	无等级 /人 Non-graded Workers /person	初级工 /人 Elementary Workers /person	#获证人数 With Certificate	#当年获证 Getting Certificate in the Year
水利部	Ministry of Water Resources (MWR)	**28417**	**5571**	**3831**	**3035**	**149**
水利部机关和流域机构	The Ministry and River Basin Commissions	19769	2132	2148	2138	116
水利部在京直属单位	Affiliate Organizations of the Ministry in Beijing	8143	3280	1598	836	33
其他京外直属单位	Affiliate Organizations of the Ministry out of Beijing	505	159	85	61	

9-5 续表 continued

单位 Institution		中级工 /人 Intermediate Workers /person	#获证人数 /人 With Certificate /person	#当年获证 Getting Certificate of the Year	高级工 /人 Senior Workers /person	#获证人数 With Certificate	#当年获证 Getting Certificate of the Year
水利部	**Ministry of Water Resources (MWR)**	**3589**	**3193**	**148**	**9739**	**9584**	**244**
水利部机关和流域机构	The Ministry and River Basin Commissions	2313	2308	129	8103	8094	220
水利部在京直属单位	Affiliate Organizations of the Ministry in Beijing	1197	810	19	1503	1365	22
其他京外直属单位	Affiliate Organizations of the Ministry out of Beijing	79	75		133	125	2

9-5 续表 continued

单 位	Institution	技师/人 Technician /person	#获证人数 With Certificate	#当年获证 Getting Certificate of the Year	高级技师/人 Senior Technician /person	#获证人数 With Certificate	#当年获证 Getting Certificate of the Year
水利部	**Ministry of Water Resources (MWR)**	**5116**	**5084**	**287**	**571**	**567**	**23**
水利部机关和流域机构	The Ministry and River Basin Commissions	4638	4632	278	435	435	9
水利部在京直属单位	Affiliate Organizations of the Ministry in Beijing	433	414	7	132	129	14
其他京外直属单位	Affiliate Organizations of the Ministry out of Beijing	45	38	2	4	3	

9-6 2014年地方水利部门技术工人结构

Statistics of Skilled Workers of Local Water Departments in 2014

单 位	Institution	合计 /人 Total /person	无等级 /人 Non-graded Workers /person	初级工 /人 Elementary Workers /person	#获证人数 With Certificate	#当年获证 Getting Certificate of the Year
地方水利部门	**Local Water Resources Departments**	**427854**	**86509**	**67475**	**57893**	**2487**
北京市水务局	Beijing Water Authority	3246	737	672	405	45
天津市水务局	Tianjin Water Authority	3645	59	113	107	4
河北省水利厅	Hebei Provincial Water Resources Department	27888	4851	5292	4194	105
山西省水利厅	Shanxi Provincial Water Resources Department	21312	4266	6122	3120	50
内蒙古自治区水利厅	Water Resources Department of Inner Mongolia Autonomous Region	14291	3428	1745	822	49
辽宁省水利厅	Liaoning Provincial Water Resources Department	16059	6127	1858	1770	103
吉林省水利厅	Jilin Provincial Water Resources Department	12859	5396	2747	1995	40
黑龙江省水利厅	Heilongjiang Provincial Water Resources Department	14552	5134	1130	977	63
上海市水务局	Shanghai Water Authority	975	111	189	188	1
江苏省水利厅	Jiangsu Provincial Water Resources Department	14266	817	1799	1739	98
浙江省水利厅	Zhejiang Provincial Water Resources Department	6180	1219	500	500	
安徽省水利厅	Anhui Provincial Water Resources Department	17893	2886	2045	1767	22
福建省水利厅	Fujian Provincial Water Resources Department	6096	1285	852	768	16
江西省水利厅	Jiangxi Provincial Water Resources Department	11081	2031	1811	1422	6
山东省水利厅	Shandong Provincial Water Resources Department	16913	4991	2801	2610	187
河南省水利厅	Henan Provincial Water Resources Department	37173	1840	5250	5135	250
湖北省水利厅	Hubei Provincial Water Resources Department	23563	2753	4116	3844	302
湖南省水利厅	Hunan Provincial Water Resources Department	33664	4759	5727	5406	255
广东省水利厅	Guangdong Provincial Water Resources Department	26604	9728	5031	4994	190
广西壮族自治区水利厅	Water Resources Department of Guangxi Zhuang Autonomous Region	13816	2335	1377	1302	41
海南省水务厅	Hainan Water Authority	6609	4545	1024	921	2
重庆市水利局	Chongqing Water Resources Bureau	4320	1574	578	412	10
四川省水利厅	Sichuan Provincial Water Resources Department	15341	2648	2119	1823	19
贵州省水利厅	Guizhou Provincial Water Resources Department	3150	932	542	481	31
云南省水利厅	Yunnan Provincial Water Resources Department	9572		1824	1721	27
西藏自治区水利厅	Water Resources Department of Tibet Autonomous Region	615	186	97	97	10
陕西省水利厅	Shaanxi Provincial Water Resources Department	26021	1973	3875	3597	317
甘肃省水利厅	Gansu Provincial Water Resources Department	15022	2712	2649	2460	135
青海省水利厅	Qinghai Provincial Water Resources Department	2105	597	297	281	5
宁夏回族自治区水利厅	Water Resources Department of Ningxia Hui Autonomous Region	4086	426	444	342	1
新疆维吾尔自治区水利厅	Water Resources Department of Xinjiang Uygur Autonomous Region	12101	1831	2546	2444	89
大连市水务局	Dalian Water Authority	4612	3442	86	62	
宁波市水利局	Ningbo Water Resources Bureau	657	250	41	24	
厦门市水利局	Xiamen Water Resources Bureau	145		4	4	1
青岛市水利局	Qingdao Water Resources Bureau	1068	367	152	139	12
深圳市水务局	Shenzhen Water Authority	354	273	20	20	1

9-6 续表 continued

单 位	Institution	中级工 /人 Intermediate Workers /person	#获证人数 /人 With Certificate /person	#当年获证 Getting Certificate of the Year	高级工 /人 Senior Workers /person	#获证人数 With Certificate	#当年获证 Getting Certificate of the Year
地方水利部门	**Local Water Resources Departments**	**100169**	**94624**	**4879**	**138453**	**131574**	**6833**
北京市水务局	Beijing Water Authority	920	915	46	869	836	78
天津市水务局	Tianjin Water Authority	647	647	37	2811	2811	103
河北省水利厅	Hebei Provincial Water Resources Department	5822	5473	86	8435	7945	99
山西省水利厅	Shanxi Provincial Water Resources Department	4618	3915	111	3331	2725	198
内蒙古自治区水利厅	Water Resources Department of Inner Mongolia Autonomous Region	1213	915	87	3762	3213	492
辽宁省水利厅	Liaoning Provincial Water Resources Department	2994	2791	157	4788	4453	179
吉林省水利厅	Jilin Provincial Water Resources Department	2295	2250	76	1788	1788	89
黑龙江省水利厅	Heilongjiang Provincial Water Resources Department	2015	1764	148	2980	2530	270
上海市水务局	Shanghai Water Authority	497	497	7	168	168	20
江苏省水利厅	Jiangsu Provincial Water Resources Department	3257	3201	185	7584	7351	261
浙江省水利厅	Zhejiang Provincial Water Resources Department	843	843		2079	2079	12
安徽省水利厅	Anhui Provincial Water Resources Department	4518	4274	527	8128	7744	477
福建省水利厅	Fujian Provincial Water Resources Department	1338	1264	13	2272	2151	20
江西省水利厅	Jiangxi Provincial Water Resources Department	3098	2960	25	3351	3263	18
山东省水利厅	Shandong Provincial Water Resources Department	3473	3297	239	5369	5096	388
河南省水利厅	Henan Provincial Water Resources Department	8665	8547	718	18836	18275	471
湖北省水利厅	Hubei Provincial Water Resources Department	4425	4142	224	7021	6680	427
湖南省水利厅	Hunan Provincial Water Resources Department	10700	10241	412	11619	11118	586
广东省水利厅	Guangdong Provincial Water Resources Department	6744	6368	153	4963	4455	165
广西壮族自治区水利厅	Water Resources Department of Guangxi Zhuang Autonomous Region	4241	3994	178	5497	5397	412
海南省水务厅	Hainan Water Authority	748	733	6	251	231	6
重庆市水利局	Chongqing Water Resources Bureau	1060	1025	97	700	674	66
四川省水利厅	Sichuan Provincial Water Resources Department	4400	4163	88	5012	4826	164
贵州省水利厅	Guizhou Provincial Water Resources Department	826	741	26	809	753	29
云南省水利厅	Yunnan Provincial Water Resources Department	2902	2559	49	4509	4414	118
西藏自治区水利厅	Water Resources Department of Tibet Autonomous Region	130	110	7	160	157	8
陕西省水利厅	Shaanxi Provincial Water Resources Department	7542	7372	696	10471	10188	917
甘肃省水利厅	Gansu Provincial Water Resources Department	4496	4373	306	4034	3889	444
青海省水利厅	Qinghai Provincial Water Resources Department	408	396	7	602	580	17
宁夏回族自治区水利厅	Water Resources Department of Ningxia Hui Autonomous Region	1454	1113	34	1138	820	62
新疆维吾尔自治区水利厅	Water Resources Department of Xinjiang Uygur Autonomous Region	3197	3109	110	3875	3786	203
大连市水务局	Dalian Water Authority	311	309		656	640	7
宁波市水利局	Ningbo Water Resources Bureau	43	29	6	193	158	7
厦门市水利局	Xiamen Water Resources Bureau	22	22		103	103	
青岛市水利局	Qingdao Water Resources Bureau	293	260	17	251	246	18
深圳市水务局	Shenzhen Water Authority	14	12	1	38	31	2

9-6 续表 continued

单位	Institution	技师/人 Technician /person	#获证人数 With Certificate	#当年获证 Getting Certificate of the Year	高级技师/人 Senior Technician /person	#获证人数 With Certificate	#当年获证 Getting Certificate of the Year
地方水利部门	**Local Water Resources Departments**	**32234**	**30164**	**2884**	**3014**	**2768**	**255**
北京市水务局	Beijing Water Authority	46	11	3	2		
天津市水务局	Tianjin Water Authority	13	13	3	2	2	1
河北省水利厅	Hebei Provincial Water Resources Department	3456	3256	153	32	32	16
山西省水利厅	Shanxi Provincial Water Resources Department	2972	2581	138	3	3	
内蒙古自治区水利厅	Water Resources Department of Inner Mongolia Autonomous Region	2297	2146	319	1846	1631	119
辽宁省水利厅	Liaoning Provincial Water Resources Department	274	253	19	18	18	
吉林省水利厅	Jilin Provincial Water Resources Department	592	592	22	41	41	
黑龙江省水利厅	Heilongjiang Provincial Water Resources Department	3258	2907	329	35	32	9
上海市水务局	Shanghai Water Authority	10	10				
江苏省水利厅	Jiangsu Provincial Water Resources Department	767	735	73	42	41	7
浙江省水利厅	Zhejiang Provincial Water Resources Department	1415	1415	8	124	124	
安徽省水利厅	Anhui Provincial Water Resources Department	316	180	17			
福建省水利厅	Fujian Provincial Water Resources Department	337	323	21	12	12	1
江西省水利厅	Jiangxi Provincial Water Resources Department	785	757	29	5		
山东省水利厅	Shandong Provincial Water Resources Department	233	233	28	46	46	6
河南省水利厅	Henan Provincial Water Resources Department	2578	2557	256	4	4	1
湖北省水利厅	Hubei Provincial Water Resources Department	4754	4567	335	494	484	39
湖南省水利厅	Hunan Provincial Water Resources Department	779	728	73	80	79	17
广东省水利厅	Guangdong Provincial Water Resources Department	134	76		4	1	
广西壮族自治区水利厅	Water Resources Department of Guangxi Zhuang Autonomous Region	351	351	66	15	15	
海南省水务厅	Hainan Water Authority	40	27	2	1		
重庆市水利局	Chongqing Water Resources Bureau	402	395	31	6	6	
四川省水利厅	Sichuan Provincial Water Resources Department	1116	1068	86	46	43	
贵州省水利厅	Guizhou Provincial Water Resources Department	41	40	7			
云南省水利厅	Yunnan Provincial Water Resources Department	337	324	10			
西藏自治区水利厅	Water Resources Department of Tibet Autonomous Region	40	40	5	2	2	
陕西省水利厅	Shaanxi Provincial Water Resources Department	2114	2063	479	46	46	23
甘肃省水利厅	Gansu Provincial Water Resources Department	1129	1090	276	2	2	
青海省水利厅	Qinghai Provincial Water Resources Department	201	196	17			
宁夏回族自治区水利厅	Water Resources Department of Ningxia Hui Autonomous Region	619	452	16	5	3	
新疆维吾尔自治区水利厅	Water Resources Department of Xinjiang Uygur Autonomous Region	598	558	55	54	54	16
大连市水务局	Dalian Water Authority	73	65	7	44	44	
宁波市水利局	Ningbo Water Resources Bureau	128	126	1	2	2	
厦门市水利局	Xiamen Water Resources Bureau	15	15		1	1	
青岛市水利局	Qingdao Water Resources Bureau	5	5				
深圳市水务局	Shenzhen Water Authority	9	9				

主要统计指标解释

从业人员 指在各级国家机关、政党、社会团体及企业、事业单位中工作，取得工资或其他形式的劳动报酬的全部人员，包括在岗职工、再就业的离退休人员、民办教师以及在各单位中工作的外方人员和港澳台方人员、兼职人员、借用的外单位人员和第二职业者。不包括离开本单位仍保留劳动关系的职工。

Explanatory Notes of Main Statistical Indicators

Employees It refers to staff worked for governmental agencies, party and its administrative organizations, social groups, enterprises and non-governmental organizations at all levels, who have obtained paid salaries or other types of labor remuneration, including full-time employment, re-employed retirees, rural school teachers, hired staff and workers from other countries, Hong Kong, Macao and Taiwan, part-time staff and workers, borrowed staff and second-job staff and workers, but the staff and workers who has left the organization without ending their contracts are excluded.